고양이

고양이
그 생태와 문화의 역사

사라 브라운 지음
윤철희 옮김

연암서가

차례 ◞

고양이를 소개합니다 ᧁ

집 고양이domestic cat는 현대 세계에서 친숙한 존재다. 그리고 많은 사람에게는 집안에서 위로를 제공하는 존재다. 혈통을 알 길이 없는 "나비moggy"가 됐건 족보가 있는 순종 품종이 됐건, 고양이는 현재 많은 나라에서 사람들의 선택을 받는 반려동물이다. 일부 고양이는 반려묘로서 바랄 수 있는 모든 것을 갖춘 호사스러운 삶을 누린다. 반면, 하루가 저물 무렵에 사료 한 접시와 몸을 말 수 있는 장소를 간신히 제공받는 고양이들도 있다. 그런데 모든 집고양이가 반려묘인 건 아니다. 고양이와 인간이 어울린 지도 1만 년이나 되었건만, 셀 수 없이 많은 집고양이가, 야생에서 살아가던 놈들의 조상들이 딱 그랬던 것처럼, 지금도 여전히 생존을 위한 사냥을 해가면서 인간에게서 상당히 독립적인 삶을 살고 있다.

"쌀쌀맞다", "다정하다", "조용하다", "사랑스럽다", "까칠하다", "고상하다", "도무지 속을 모르겠다", 심지어는 "흉포하다". 고양이는 인간과 어울리며 지내 온 역사 내내 이렇게 다양한 방식으로 묘사되어 왔다. 그런데 그중에서도 제일 악명 높은 고양이의 품성은 '독립성'으로, 어떤 이들은 이 품성을 경멸하고, 어떤 이들은 이 품성을 진정으로 우러러본다. 그리고 이 독립성은 고양이가 오늘날 인기 좋은 반려동물이 될 수 있게 해준, 일부 나라에서는 개조차 제치면서 제일 인기 좋은 반려동물이 될 수 있게 해준 부분적인 원인이다. 사람들은 보살피기 쉬운 반려동물을 찾는다. 비좁은 공간에서 생활하는 데 적응하고, 청결을 유지하며, 상대적으로 많은 걸 요구하지 않으면서 살아가는 데 적응할 수 있으면서도 여전히 우정을 제공할 수 있는 반려동물을 이상적으로 여긴다. 까다로운 요구지만, 집고양이가 이런 난제에 제일 잘 대처해 온 동물인 건 분명하다.

인간과 친해진 제일 첫 고양이는 진짜 기회주의적인 야생고양이wildcat로, 이 고양이들은 서서히 우리의 집안과 심장으로 파고드는 길을 찾아냈고, 이후로 헤아릴 수 없이 많은 세대를 거치는 동안 인간에게 길들여지는 쪽으로 진화했다. 느리지만 확실하게 세상을 장악하는 동안, 집고양이는 사람들의 숭배와 박해를 동시에 받은 끝에 오늘날 누리는 인기의 정점에 도달하게 되었다. 쉬운 여정은 아니었다. 그리고 고양이는 여전

세상에서 제일 인기 좋은 반려동물에 속하게 된 오늘날 – 모두 그런 건 결코 아니지만 – 많은 집고양이가
인간을 신뢰하는 법을 터득했다.

히 여러 난제에 직면해 있다. 불필요한 스트레스를 잔뜩 받으며 사는 고양이가 많다. 현대의 반려묘들은 겉만 보면 따스한 가정과 영양가 풍부한 먹이, 의료 서비스를 갖춘 쾌적한 삶을 사는 듯 보인다. 묘주猫主들은 그에 대한 대가로 애정과 우정을, 일부 경우에는 영구적이고 끈끈한 유대감을 (항상 그런 건 결코 아니지만) 자수 보상으로 받는다. 그런데 고양이를 집에 들이고 우리의 분주한 라이프 스타일에 적응하게 만드는 건 고양이보다는 묘주에게 훨씬 더 쉬운 일인 경우가 잦다. 4장에서는 고양이와 인간의 관계를 자세히 살펴본다.

고양이는 적응의 달인이다. 고양이는 먹이와 거처를 찾아낼 수 있으면, 다른 고양이나 사람이 곁에 있건 말건, 그곳을 집으로 삼을 것이다. 이런 적응력이 그들이 온 세상에 성공적으로 퍼지게 된 비법이었다. 오늘날에는 집고양이를 호주의 오지outback와 도시의 고층 아파트처럼 세계 곳곳의 이질적인 장소들에서도 볼 수 있다.

고양이와 인간이 함께 살아온 상대적으로 짧은 기간 동안, 고양이는 자신들 종種 특유의 신호들을 우리가 이해할 수 있도록 조정하면서 우리와 소통하는 법을 터득해 왔다. 우리 인간들은, 놈들의 활동을 제약하는 것부터 다른 고양이를 비롯한 다른 반려동물 및 우리 인간과 교류하며 평화로이 동거할 거라 기대하는 것까지, 고양이는 우리가 부과하는 어떤 제약에도 간단하게 적응할 것이라 가정하기만 할 뿐, 고양이와 관계를 발전시키기 위한 작업을 그리 열심히 하지는 않았다. 폴 레이하우젠Paul Leyhausen이 고양이의 습성을 과학적으로 다룬 최초의 책을 쓴 1956년에, 사람들은 고양이가 느끼는 사회적 욕구에 대해 더 많이 생각해 보기 시작했다. 이후로, 과학은 고양이의 습성과 사회 조직에 대해 훨씬 더 많은 걸 밝혀냈지만, 그 지식의 많은 부분은 여전히 실용적인 용도로 활용되지 못하고 있다. 고양이에 대해 배우고 고양이의 욕구를 인식하며 고양이가 우리의 가정과 라이프

야생의 기원에서 무척이나 멀어진 오늘날의 많은 집고양이가 상대적으로 협소한 공간에서 살아간다. 그렇지만 대부분의 고양이는 충분한 자극을 주고 행동을 풍부하게 해주면 이런 상황에 적응할 수 있다(5장을 보라).

검정고양이의 집을 찾아 주는 것은 다른 색깔 고양이의 집을 찾아 주는 것보다 어렵다. 서글프게도, 부분적인 원인은 많은 사진과 "셀카"에서 그들의 모습을 보기가 무척 어렵다는 것이다.

스타일에 적절하게 적응하게 만들면, 반려묘들은 스트레스에서 해방된 삶을 누릴 최고의 기회를 갖게 되고, 묘주들은 고양이를 철저히 이해하면서 즐거움을 얻게 될 것이다.

설계된 고양이

오늘날의 우리는 우리의 조상들하고는 사뭇 다른 이유로 고양이를 반긴다. 고양이를 자신들의 삶에 기꺼이 받아들였던 최초의 인간들은 고양이의 사냥 솜씨를 높이 평가하고 고양이가 베푸는 우정은 반가운 보너스로 여겼을 뿐, 고양이의 생김새는 중요하게 보지 않았을 것이다. 그런데 오늘날에는 그 역逆이 진실이다. 많은 고양이가 외모 개선을 위해 의도적으로 번식되고, 사람들은 인상적인 혈통을 가진 고양이에 고액을 지불할 마음의 준비가 되어 있다. 족보 따위는 없는 집고양이조차 성격보다 외모를 기준으로 선택되곤 한다. 예를 들어, 동물보호소의 검정고양이는 다른 색깔 고양이보다 새 주인을 찾기가 더 힘들다고 한다.

　고양이 브리딩cat breeding의 인기는 어마어마하게 늘었고, 유전에 관한 과학지식의 발전은 고양이 번식에 도움을 주었다. 요즘의 브리더(breeder, 원하는 외모와 건강 상태를 가진 고양이가 태어날 수 있게 혈통을 관리하면서 교배와 번식을 시도하는 전문 사육사-옮긴이)들은 털의 색과 유형, 무늬, 더불어 몸통의 형태와 크기가 다양한 새로운 변종들을 만들어내면서 그런 속성을 영속화하는 능력을 갖고 있다. 오늘날 "캣 팬시(cat fancy, 고양이 애호)"(6장을 보라)는 대규모 사업이다. 그래서 미래의 번식이 건전한 방식으로 이루어지도록, 그리고 신기한 종을 만들어내겠다는 욕심을 추구하는 과정에서 고양이들의 복지가 위협받는 일이 생기지 않도록 관심을 기울여야 한다.

옛날에 "쥐 잡는 고양이mouser"를 소중하게 취급하던 것과는 정반대로, 오늘날의 사람들은 고양이가 사냥을 하면 눈살을 찌푸리기 일쑤다. 불행히도, 고양이는 사람들의 그런 분위기를 아직까지도 제대로 파악하지 못했고, 사냥하려는 충동은 고양이에게 끈덕지게 남아 있다. 사냥은 여전히, 선택을 통해서건 아니건, 인간과 독립적으로 살아가는 집고양이 수백만 마리의 생존을 위한 필수적인 활동이다. 심지어 먹이 걱정이 없는 반려묘에게도 사냥 본능은 남아 있다. 현대의 고양이들은 고양이의 포식 행위가 그 지역에 서식하는 야생동물 개체군에 끼칠 잠재적인 영향과 관련해서 부정적인 여론의 대상이 되는데, 이 이슈는 3장에서 논의된다. 하지만 이 문제는 우리 인간이 빚어낸 것이고, 그러니 놀랄 일로 여겨서는 안 된다. 인간들은 사냥감이 풍부하게 서식하는 새로운 땅에 기회주의적이면서 솜씨 좋은 사냥꾼인 고양이를 오랜 세월에 걸쳐 의도적으로 도입했다. 이런 도입에 따른 결과를 어떻게 관리할 수 있고 이런 도입이 고양이-인간의 관계에 장기적으로 어떤 영향을 줄 지는 두고 볼 일로 남아 있다. 그 주제는 고양이의, 그리고 고양이가 인간과 맺은 관계의 무척이나 곡절 많은 역사에서 또 다른 장章을 차지할 게 분명하다.

고양이의 사냥 본능은 인간에게 길들여지는 동안에도 사라지지 않았다.

이 책에 대해

고양이에 대한 애정을 공공연히 표명하는 사람이 많지만, 고양이를 끔찍이 싫어하는 사람도 존재한다. 그러나 어느 쪽 입장이건, 사람이라면 누구나 고양이에 대해 할 말이 있다. 무척이나 많은 의견이 존재하는 탓에 진실과 주워들은 말을 구분하는 작업은 쉽지 않은데, 고양이가 야생에서 인간에게 길들여지는 진화를 겪는 동안 고양이를 둘러싸고 쏟아져 나온 근거 없는 통념과 이야기가 숱하게 많은 건 그 때문일 것이다.

이 책은 그 진화과정을 따라가면서 그러는 동안 맞닥뜨리는 픽션에서 팩트를 걸러낸다. 이 책의 목표는 고양이를 그토록 독특하면서 한없이 매혹적인 존재로 만들어 주는 요인들에 대한 포괄적인 통찰을 제공하는 것, 아울러 고양이에 대한, 그리고 고양이가 인간세계에 적응하는 방법에 대한 최근의 과학적인 발견들을 제공하는 것이다.

1장은 고양잇과科, family가 초창기의 육식 포유동물에서 진화해 온 과정을 더듬으면서, "비옥한 초승달 지대the Fertile Crescent"에서 변변치 않게 관계가 시작된 1만 년쯤 전부터 최종적으로 고양이가 세계 전역으로 퍼지기까지, 집고양이의 야생 조상들이 어떻게 인간과 서서히 어울리게 되었는지를 기술한다.

2장은 고양이의 해부학적 구조와 생리, 그리고 육식성 포식자로서 타고난 본성에 적절하게 적응된 고양이의 인상적인 신체적 능력을 살펴본다. 또한 고양이의 유전자 구성과, 고양이가 자연적인 돌연변이와 인위적인 번식을 통해 오늘날 어떻게 그토록 생김새가 방대해졌는지를 자세히 살핀다. 고양이가 살아가는 방식─고양이끼리 소통하는 방법과 상이한 사회적 조직 형태를 채택하는 능력─은 3장에서 검토된다. 3장은 고양이가 새끼고양이에서 성묘成描가 될 때까지 성장하는 과정도 살펴본다.

인류가 부린 변덕에 따라 고양이의 신세가 바뀐 것을 비롯한, 고양이와 인간의 관계는 4장에서 다룬다. 고양이가 우리와 소통하려고 그들의 언어를 조정한 방법과 우리가 그에 화답한 방법도, 아울러 고양이-인간의 관계의 질質에 영향을 끼치는 요소도 검토한다.

5장은 따분함과 비만, 지나치게 북적거리는 세상에서 장수하는 것을 비롯한, 오늘날의 고양이들이 직면한 난제들을 살펴본다. 그 결과로 생긴 문제들과 반려묘 묘주들이 그것들을 해결하거나 회피할 수 있는 방법을 논의하고, 아울러 집고양이의 미래가 어떻게 될 것인지도 논의한다.

마지막으로, 6장은 고양이 품종이라는 영역에 들어서면서 고양이 품종이란 무엇이고 새로운 품종은 어떻게 개발되는지를 설명한 후, 세계 전역의 다양한 고양이 애호단체가 널리 인정한 품종들 중에서 엄선한 품종들을 소개한다. 고양이는 우리 인간의 세계에 적응했다. 고양이의 습성에 대한 신선한 통찰을 소개하는 이 책은 이 영리하고 별나며 복잡다단한 피조물을 향해 우리의 마음과 영혼을 활짝 열게 만들려는 시도다.

▶ 많은 면에서 유연한 집고양이는 항상 흥미로운 연구 대상이었다.

제1장

진화와 길들이기

고양잇과는 어디에서 왔을까? ᘓ

멸종된 스밀로돈

고양잇과 펠리다이Felidae는 "고기를 먹는 포유동물"인 식육목食肉目, Carnivora에 속한다. 갯과인 카니다이Canidae를 비롯한 식육목의 모든 동물은 6,000만 년 전쯤에 북미와 유라시아의 숲에 서식했던 미아시드(miacid, 미아시스속genus Miacis)라는 포유동물에서 진화되었다. 몸통이 길고 다리가 짧으며 꼬리가 긴 이 동물의 생김새는 오늘날의 담비나 사향고양이와 비슷했다. 중요한 점은 미아시드가 오늘날의 포유동물이 가진 표준적인 치아 구조 몇 가지 외에도, 현존하는 육식동물이 전형적으로 보유한, 고기를 찢는 데 적합한 열육치裂肉齒, carnassial의 초기 형태를 갖고 있었다는 것이다.

미아시드는 3,000만 년가량 번성했고, 그 후손들은 식육목의 커다란 두 줄기인, 고양이와 비슷한 아목亞目인 고양이아목Feliformia과 개와 비슷한 아목인 개아목Caniformia을 탄생시키는 쪽으로 서서히 진화해갔다. 이 두 아목에는 현존하는 모든 육식동물이 다 속해 있는데, 그중 일부는 사실은 잡식 성향이 더 강하다. 고양잇과에 속한 동물들은 식단의 70퍼센트 이상이 육류로 구성된 동물에 적용되는 용어인 "초육식동물hypercarnivore"로 불리는 경우가 잦다. 고양잇과는 식단을 전적으로 육류에만 의존한다. 그래서 절대 육식동물obligate carnivore로 묘사되기도 한다.

초창기의 고양이

유라시아에서 발견된 화석은 3,000만 년쯤 전에 프로아일루루스Proailurus로 알려진, 고양이와 비슷한 육식동물이 나타났다는 걸 보여준다. 프로아일루루스("고양이 이전before the cat"이라는 뜻이다)는 조상인 미아시드처럼 숲에서 살았지만, 고기를 찢는 데 한층 더 특화된 이빨을 갖는 쪽으로 진화되었다. 아울러 후퇴시킬 수 있는 발톱retractable claw도 진화되었는데, 이 발톱은 숲의 바닥 같은 환경에서 더 효율적으로 사냥할 수 있도록 몸통 속으로 집어넣을 수 있다. 이 동물의 뒷발

숲에 서식하는 미아시스 이 원시시대의 육식동물은 고양잇과와 갯과 모두를 비롯한, 식육목에 속하는 현존하는 모든 동물의 공통 조상으로 여겨진다.

고기를 찢기 위한
날카로운 이빨

긴 꼬리

나무를 오르기 위한
강한 발톱이 달린
편평한 발

짧은 다리

길고 유연한 척추

지행성(발뒤꿈치
가 아니라 발가락으
로 걷는 형태) 발

후퇴시킬 수
있는 발톱

슈델루루스는 고양잇과의 조상이었다. 슈델루루스가 육식 생활에, 그리고 기후 변화의 영향에 적응했다는 것은 세계
의 새로운 지역들로 이주해 대량 서식할 수 있었다는 뜻이다.

은 발바닥을 땅에 붙이고 걷는 형태(척행성蹠行性, plantigrade)와 발가락으로 걷는 형태(지행성趾行性,
digitigrade) 사이의 과도기 형태였지만, 앞발은 발가락으로 걷는 형태였다.

2,000만 년쯤 전에 프로아일루루스의 형태를 계승한, 진정으로 고양이를 닮은 최초의 조상에
게는 아이러니하게도 "가짜 고양이"라는 뜻의 슈델루루스Pseudaelurus라는 이름이 붙었다. 슈델
루루스는 프로아일루루스의 길고 유연한 척추는 그대로 물려받았지만 전적으로 발가락으로만
걷는 쪽으로 진화된 것이다. 치아구조도 어금니가 줄어드는 쪽으로 진화되었다. 화석은 슈델
루루스가 성공적인 육식동물이었다는 걸 보여준다. 놈이 유라시아에 처음 나타난 시기를 전후해
일어난 기후 변화로 포식종과 피식종 모두에게 새로운 서식지가 생겨났고, 슈델루루스는 조상
이 장악했던 빽빽한 삼림보다는 확 트인 대초원에서 사냥하는 쪽에 적응했다.

900만년쯤 전, 바닷물 수위가
낮아지면서 슈델루루스 서식지
동쪽에 베링해협을 가로지르는
육교land bridge가 생겼고, 그 덕에
슈델루루스는 북미지역으로 건
너가 대량 서식할 수 있었다. 뒤
이어 서쪽에서도 홍해를 가로지
르는 비슷한 육교들이 생겨난 덕
에 슈델루루스는 아프리카에도
퍼졌다. 슈델루루스는 번성했다.
12개나 되는 상이한 종種이 세
계 전역에서 발견되었다는 사실
이 그 증거다. 이 중 일부는 현재
는 멸종된 검치호劍齒虎, sabertooth
cat의 아과亞科인 마카이로두스아
과Machairodontinae를 낳았다.

검치劍齒를 가진 포식자

크기가 사자만 한 마카이로돈트machairodont 중에서 제일 잘 알려진
것은 북미의, 그리고 나중에는 남미의 가공할 포식자였던 스밀로돈
Smilodon속이었다. 1만 년쯤 전까지 성공적으로 서식했던 이 검치호는
사냥감의 살을 칼날처럼 날카롭게 찢고 들어가는 엄청나게 길고 납작한
톱니 모양의 송곳니를 자랑했다(마카이로돈트는 "칼-이빨knife-tooth"이라
는 뜻이다). 놈은 턱을 120도 각도로 넓게 벌릴 수 있었다. 오늘날의 고양
이보다 넓은 각도다. 놈은 매복하고 있다가 사냥감을 습격해 사냥감의
몸에 거대한 이빨을 찔러 넣은 다음에 사냥감이 피를 흘려 죽을 때까지
기다린 것으로 여겨진다. 놈의 칼날 같은 이빨은 보기에는 인상적이지만,
무척 잘 부러지고 쉽게 깨졌다. 게다가 결코 다시 자라지 않았다. 지금까
지 발견된 깨진 이빨은 개체들이 이빨을 잃거나 부상을 당더라도 생존
할 수 있도록 놈들이 집단 사냥을 했을 거라는 이론을 뒷받침한다. 검치
호는 결국 멸종되었는데, 기후/서식 환경의 변화로 그들이 전문적으로
사냥하던 덩치 큰 피식종들의 개체수가 줄어든 결과였을 가능성이 크다.

현대 고양이 혈통의 출현

슈델루루스의 다른 종들(때때로 스티리오펠리스Styriofelis라는 다른 속에 함께 분류된다)은 현존하는 크고 작은 고양잇과에 속한 종들로 서서히 진화했다. 200만 년과 300만 년 전 사이인 홍적세의 빙하기the Pleistocene Ice Age 동안 바닷물 수위가 낮아진 두 번째 시기에 파나마지협Isthmus of Panama이 생겨나면서 북미에서 남미로 이주할 수 있게 된 고양잇과는 그곳에서 한층 더 다양한 종으로 진화했다. 이 기간 동안 집고양이의 먼 조상들을 비롯한 무척 많은 개체군이 이주했다. 놈들은 일시적으로 생긴 육교를 통해 북미에서 아시아로 이동했다. 이 마지막 빙하기가 지난 후에 바닷물 수위가 다시 올라가자 육교는 끊어졌고, 새로 생겨난 고양이 개체군 중 일부는 고립되었다.

집고양이(고양이아과)

고양잇과의 이주 이야기

스라소니, 치타, 살쾡이, 집고양이의 조상

퓨마, 스라소니, 오실롯의 조상

카라칼의 조상

재규어, 사자

퓨마

적도

사자, 치타, 검은발살쾡이

오실롯의 조상

재규어, 퓨마

← 1차 이주   ← 2차 이주

고양잇과의 조상들은 900만 년쯤 전에 유라시아에서 출발해 북미와 아프리카에 도착했다. 200만 년에서 300만 년 전 사이에, 그들의 후손들의 추가적인 이동이 일어났다. 그중에는 북미에서 아시아로 되돌아온 집고양이의 조상도 있었다.[이 도표는 O'Brien & Johnson(2007) and Kitchener et al(2017)을 바탕으로 작성했다. 217페이지를 보라.]

고양잇과

현대의 고양잇과에 속한 종이 몇 종이냐는 분류학자들의 논쟁 대상이었다. 그것들을 특정 유형으로 함께 분류할 것이냐 별개의 종들로 나열해야 할 것이냐에 따라 종의 수가 달라지기 때문이다. 최근에 도출된 합의는 집고양이를 야생종 40종과 함께 분류하는 것이다. 고양잇과는 포효할 수 있는 대형 고양이(더불어 포효하지 못하는 몇 종)가 포함된 표범아과Pantherinae, 그리고 집고양이를 비롯한 그 외의 모든 종이 포함된 고양이아과Felinae 두 개의 아과亞科로 나뉜다.

2007년에, 현존하는 고양이 종들 각각에서 얻은 유전자 30개의 DNA 비교를 활용한 연구는 모든 종을 8개의 상이한 혈통으로 분류했다. 혈통들이 갈라진 순서와 혈통들이 출현한 개략적인 시기도 밝혀졌다. 이 과학적 정보는 과거에 별개의 무리들을 식별하는 데 활용되었던 해부학적 정보 및 기타 생물학적 정보와 상당히 잘 부합했다.

검은표범(표범아과)

고양잇과의 진화

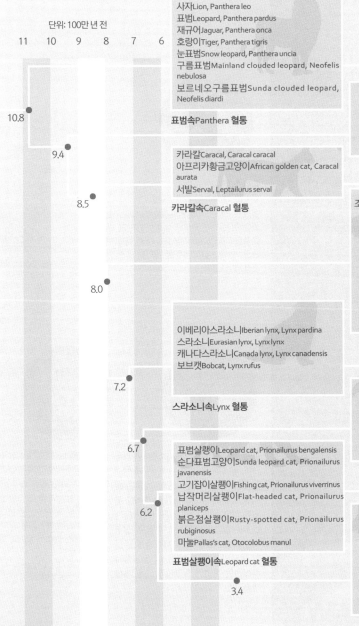

11 10 9 8 7 6

사자Lion, Panthera leo
표범Leopard, Panthera pardus
재규어Jaguar, Panthera onca
호랑이Tiger, Panthera tigris
눈표범Snow leopard, Panthera uncia
구름표범Mainland clouded leopard, Neofelis nebulosa
보르네오구름표범Sunda clouded leopard, Neofelis diardi

표범속Panthera 혈통

아시아황금고양이Asiatic golden cat, Catopuma temminckii
보르네오황금고양이Bornean bay cat, Catopuma badia
마블고양이Marbled cat, Pardofelis marmorata

베이살쾡이속Bay Cat 혈통

10.8

9.4

카라칼Caracal, Caracal caracal
아프리카황금고양이African golden cat, Caracal aurata
서발Serval, Leptailurus serval

카라칼속Caracal 혈통

8.5

조프루아고양이Geoffroy's cat, Leopardus geoffroyi
코드코드Guiña or kodkod, Leopardus guigna
호랑고양이Northern tiger cat, Leopardus tigrinus
남방호랑고양이Southern tiger cat, Leopardus guttulus
안데스산고양이Andean mountain cat, Leopardus jacobita
마게이Margay, Leopardus wiedii
팜파스고양이Pampas cat, Leopardus colocola
오실롯Ocelot, Leopardus pardalis

호랑고양이속Leopardus 혈통

8.0

이베리아스라소니Iberian lynx, Lynx pardina
스라소니Eurasian lynx, Lynx lynx
캐나다스라소니Canada lynx, Lynx canadensis
보브캣Bobcat, Lynx rufus

스라소니속Lynx 혈통

7.2

퓨마Puma, Puma concolor
재규어런디Jaguarundi, Herpailurus yagouaroundi
치타Cheetah, Acinonyx jubatus

퓨마속Puma 혈통

6.7

표범살쾡이Leopard cat, Prionailurus bengalensis
순다표범고양이Sunda leopard cat, Prionailurus javanensis
고기잡이살쾡이Fishing cat, Prionailurus viverrinus
납작머리살쾡이Flat-headed cat, Prionailurus planiceps
붉은점살쾡이Rusty-spotted cat, Prionailurus rubiginosus
마눌Pallas's cat, Otocolobus manul

표범살쾡이속Leopard cat 혈통

6.2

들고양이European wildcat, Felis silvestris
아프리카들고양이African & Asiatic wildcat, Felis lybica
모래고양이Sand cat, Felis margarita
검은발살쾡이Blacke-footed cat, Felis nigripes
정글고양이Jungle cat, Felis chaus
중국산악고양이Chinese mountain cat, Felis bieti
집고양이Domestic cat, Felis catus

고양이속Felis 혈통

3.4

집고양이와 친척들

집고양이(고양이속)는 (340만 년쯤 전에) 선조수先祖樹, ancestral tree에서 마지막으로 갈라져 나온 종이었다. 이 혈통에는 오늘날 세계 전역에 존재하는 모든 집고양이, 그리고 유럽과 아시아, 아프리카에 살고 있는 소형 야생고양이 몇 종이 포함된다. 이 종들끼리 교배하는 게 가능한 까닭에, 이 혈통에 속한 종들을 아종亞種으로 분류하느냐 별도의 종으로 취급하느냐를 놓고 많은 과학적 논쟁이 벌어졌다. 현시점에서 합의된 내용은 다음과 같다.

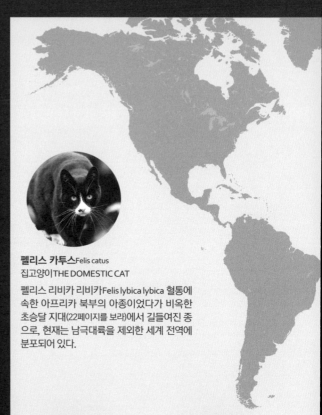

집고양이

펠리스 카투스 Felis catus
집고양이THE DOMESTIC CAT

펠리스 리비카 리비카Felis lybica lybica 혈통에 속한 아프리카 북부의 아종이었다가 비옥한 초승달 지대(22페이지를 보라)에서 길들여진 종으로, 현재는 남극대륙을 제외한 세계 전역에 분포되어 있다.

🐾 **펠리스 실베스트리스**Felis silvestris
들고양이EUROPEAN WILDCAT

집고양이와 교배가 가능한 이 종은 성격이 거칠고 길들이기가 불가능한 것으로 악명 높다. 거의 멸종되어 가다가 현재는 많은 지역에서 보호받고 있다. 유럽과 스코틀랜드에 서식하는 뚜렷한 줄무늬가 있는 개체부터 동유럽에 서식하는 희미한 줄무늬가 있는 개체까지 외모가 다양하다.

🐾 **펠리스 마르가리타**Felis margarita
모래고양이SAND CAT

북아프리카와 중동, 중앙아시아의 사막에 널리 분포된 이 고양이는 혹독한 환경에 잘 적응한다. 큰 삼각형 모양의 독특한 귀는 먹잇감을 감지하는 것을 도와주고, 발볼록살paw pad을 덮은 두꺼운 털은 뜨거운 모래의 열기를 차단하는 동시에 미끄러운 모래 표면을 걸을 수 있게 해주는 역할을 수행한다.

Fertile Crescent

 펠리스 차우스 Felis chaus
정글고양이JUNGLE CAT

약간 혼란스러운 이름이 붙은 이 소형에서 중형 크기의 고양이는 습지대나 갈대밭에서 발견되는 경우가 더 많다. 따라서 다른 통칭은 "늪고양이swamp cat"다. 중동과 남아시아, 동남아시아, 중국 남부에서 발견된다.

펠리스 리비카 Felis lybica
아프리카들고양이AFRICAN/ASIATIC WILDCAT

집고양이의 직계 조상으로, 집고양이와 교배가 가능하다. (북아프리카와 중동, 아라비아반도에서 발견되는) 북아프리카의 아종인 펠리스 l. 리비카와 (남아프리카 전역에서 발견되는) 남아프리카의 아종 F. l. 카프라F. l. cafra 모두 희미한 얼룩무늬 줄무늬와 반점이 있고 귓등은 눈에 확 띄는 붉은색이다. 또 다른 아종인 인도사막고양이Indian desert cat 또는 아시아들고양이Asiatic wildcat인 F. l. 오르나타ornata는 서남아시아와 중앙아시아, 아프가니스탄, 파키스탄, 인도, 몽골, 중국에 분포돼있다. 밝은 털색과 검정 반점이 특징이다.

 **펠리스 니그리페스**Felis nigripes
검은발살쾡이BLACK-FOOTED CAT

아프리카에서 제일 작은 고양이. 이 얼룩무늬 고양이는 덩치는 작지만 유능한 사냥꾼으로, 본고장인 남아프리카 지역에서 드문드문 분포되어 있는 먹잇감을 쫓아 장거리를 이동한다.

 **펠리스 비에티**Felis bieti
중국산악고양이CHINESE MOUNTAIN CAT

분류하기 어려운 이 고양이의 서식 범위는 티베트고원 동부의 소규모 지역으로 국한된 것으로 판단된다. 고산의 목초지에서 살면서 촘촘한 털과 발바닥에 난 긴 털로 극단적인 날씨에 적응했다.

야생에서 집안까지 ✎

고양이가 어디에서 어떻게 길들여졌느냐는 주제를 놓고 숱하게 많은 논쟁이 벌어졌다. 사실, 야생고양이와 교배가 가능하고 필요할 때는 인간에게서 독립해서도 생존이 가능한 능력을 가진 점을 바탕으로 고양이가 실제로 인간에게 완전히 길들여졌느냐 여부에 의문을 표하는 사람이 많다. "고양이를 몰고 다니려 애쓰는 것처럼like trying to herd cats"이라는 널리 알려진 문구가 존재하는 것은 우리가 고양이의 의지에 끼치는 영향이 양이나 소, 개처럼 가축이 된 다른 동물들에 비해 얼마나 작은지를 잘 보여준다. 절반쯤 순치馴致, semi-domesticated되었다고 부르든, 스스로 순치되었다self-domesticated고 부르든, 집고양이가 인간세계에서 자기들의 영역을 개척했다는 사실에는 의심의 여지가 없다. 그 과정이 어떻게 시작되었는지를 밝히려는 많은 연구가 계속 수행되고 있다.

집고양이의 제일 가까운 친척은 무엇인가?

2007년에 행해진 또 다른 획기적인 연구는 집고양이와 제일 가까운 야생 친척이 무엇인지를 규명하기 위해 다양한 지역에서 얻은 야생고양이와 집고양이 979마리의 DNA를 분석했다. 과학자들은 분석 대상이 된 야생고양이들이 다섯 개의 상이한 유

순치된 것인가, 길들여진 것인가?

순치된 것Domesticated과 길들여진 것Tame 사이를 구분하는 건 중요한 일이다. 일부 야생종에서, 이른 나이에 포획돼 인간의 보살핌을 받으며 인간과 교류하는 개체는 길들이는 게 가능하다. 그래서 그 개체의 습성은 교정된다. 반면, 순치domestication는 인간과 동거하는 것을 감내하면서 거기에 잘 적응하도록 여러 세대에 걸쳐 선택된, 전체 개체군의 영구적인 유전적 변화와 관련이 있는 용어다. 순치된 종도 여전히 야생 환경으로 돌아갈 수 있는데, 일반적으로 그런 상태는 "야성화되었다feral"고 일컫는다.

진적 혈통으로 분류된다는 결론을 내렸다. 그와는 대조적으로, 세계 전역에서 확보한, 순종과 잡종을 망라한 집고양이 수백 마리의 샘플은 유전적으로 북아프리카의 야생고양이 아종인 펠리스 리비카 리비카(당시의 학명은 펠리스 실베스트리스 리비카였다)라는 동일한 혈통에 속할 뿐, 다른 야생고양이 아종하고는 전혀 관련이 없었다. 이 결과는—지독히도 꾀죄죄한 길고양이부터 캣쇼cat show에서 멋들어진 털을 자랑하는 혈통 좋은 고양이까지—모든 집고양이는 펠리스 l. 리비카의 직계 후손이라는 걸 확인해 주었다.

고양이의 기원을 알려주는 실마리들

1. 고양이속 혈통에 속한 야생고양이들은 길들여지는 정도가 무척 다양하다. 그중에서 제일 쉽게 길들여지는 것은 북아프리카의 펠리스 리비카 리비카다. 들고양이인 F. 실베스트리스 같은 다른 종들은 극도로 다루기 힘든 종으로, 숱한 시도가 있었지만 길들이는 게 거의 불가능했다.

2. "태비(tabby, 밝은 바탕의 얼룩이나 줄무늬-옮긴이)"라는 단어는 (원래 줄무늬였던) 특별한 견직물이 처음으로 만들어진 곳인 이라크 바그다드 지역에서 통용되는 이름 "아타비 Attabiy"에서 파생된 것으로 여겨진다.

3. "캣cat"이라는 단어, 그리고 그걸 옮긴 현대의 모든 단어는 아프리카에서 제일 처음에 생겨난 문명이 사용한 누비아어 Nubian의 단어 카디즈kadiz에서 파생된 것으로 여겨진다.

캣쇼에 참가한 족보가 있는 랙돌Ragdoll. 그리 오래지 않은 1960년대에 개발된 이런 품종조차 유전적으로는 아프리카 들고양이와 관련이 있다.

인간과 고양이의 만남 ❧

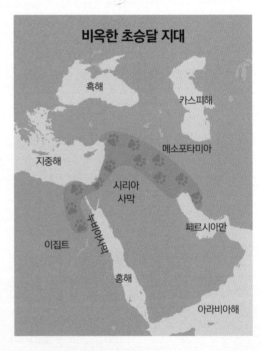

고양이와 인간이 처음으로 어울린 것은 1만 년쯤 전에 서로의 편의를 위해 시작된 것으로 판단된다. 지중해 동부의 "비옥한 초승달 지대"로 알려진 지역에서, 곡물을 경작하는 법을 터득한 사람들은 예전의 수렵-채집 라이프 스타일 대신에 영구정착지와 곡물창고를 짓는 쪽을 택했다. 생활방식이 이렇게 바뀌자 그리로 몰려드는 쥐의 개체수가 늘어나는 건 불가피한 일이 되었다. 그런데 이 설치류들은 현지의 야생고양이인 펠리스 리비카 리비카의 관심을 끌었다. 먹잇감인 쥐가 곧바로 공급된다는 것은 인간의 정착지와 가까운 곳에 남은 그 야생동물이 번성할 거라는 뜻이었다. 그러면서 인간과 야생고양이 사이의 공생관계가 발전했다.

비옥한 초승달 지대

흑해

카스피해

지중해

메소포타미아

시리아 사막

누비아사막

페르시아만

이집트

홍해

아라비아해

▲ 오늘날, 많은 고양이가 인간과 교류하는 걸 즐기는 듯 보인다. 놈들은 (4장에서 논의하듯) 인간과 소통하는 습성에 적응했다. 이건 비옥한 초승달 지대의 야생고양이들로부터 시작되었을 과정이다.
▶ 펠리스 리비카 리비카가 인간과 제일 처음 어울리기 시작했던 곳으로 여겨지는 (빨간색으로 보이는) 지중해 지역. 순치는 비옥한 초승달 지대 내부의 두 곳 이상에서 일어났을 것이다.

키프로스

인간이 묻힌 얕은 무덤에서 30센티미터쯤 떨어져 있는 별도의 무덤에 어린 고양이가 묻혀 있었다. 키프로스는 야생고양이의 원산지가 아니었다. 그러니 이 고양이는 선박으로 운반돼 인간 옆에 묻힌 게 분명하다는 뜻이다. 이 사람과 이 고양이는 특별한 관계였을 것이다.

예리코

고고학 발굴지에서 고양이의 어금니와 뼈가 발견되었다. 그렇지만 그 유골들을 남긴 동물이 반려묘로 길러졌는지 식용으로 쓰였는지 여부는 가늠하기 어렵다.

고양이의 어금니

9,500년 전

8,700년 전

야생고양이는 어떻게 길들여졌나

당연히, 인간을 덜 무서워한 고양이들은 거기에 오래 머무르면서 새롭고 풍부한 먹이의 원천에서 한층 더 큰 수혜를 받았다. 그리고 고양이를 유해 동물인 쥐를 잡는 수단으로 본 농부들은 놈들이 머무르는 걸 권장했다. 심지어 농가들은 야생고양이의 새끼들을 집에 기꺼이 맞아들여 부모보다 더 순한 버전들로 키워냈다. 그래서 순한 성격은 야생고양이 입장에서 성공적인 특성이 되었다.

이 고양이들의 순치는 꽤나 자연스럽게, 그리고 느리게 일어났던 것으로 보인다. 순해진, 더 "순치된" 개체들조차 지역의 야생고양이와 쉽게 교배할 수 있었는데, 그렇게 되면서 집고양이의 개체군은 약화되고 순치 과정의 속도는 한층 느려졌다. 농부들은 고양이를 단순히 쥐를 잡는 유능한 도구로만 키웠다. 개나 말처럼 가축이 된 다른 종들의 경우처럼 각각의 종에 특유한 새로운 용도로 키우기보다는 말이다.

쥐를 잡는 소중한 일꾼인가, 보물 같은 반려묘인가?

그러는 과정에서, 기회주의적인 펠리스 리비카 리비카는 쓸모 많은 쥐 잡는 일꾼과 소중한 동반자 사이에 그어진 가느다란 선을 넘었다. 이집트인들이 고양이를 반려묘로 채택했다는 건 고대의 미술작품을 통해 오래전부터 알려져 있었다. 하지만 역사적으로 그보다 앞선 시대에도, 그리고 지리적으로 다른 지역에서도 고양이가 집안에서 살았다는 걸 보여주는 증거가 발견되었고, 그러면서 고양이가 인간의 동료 신세를 졸업하면서 반려묘로 길러진 곳과 시기가 정확히 어디이고 언제냐에 대한 추측이 제기되었다.

이집트
가젤과 고양이의 뼈들을 담은 무덤.

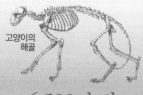

고양이의 해골

6,500년 전

이집트
나일강 강둑에 있는 고대 묘지의 매장지에 묻힌 고양이 여섯 마리 ─ 수컷 한 마리, 암컷 한 마리, 새끼고양이 네 마리 ─ 는 인간의 보살핌을 받은 흔적을 보여준다.

6,000년 전

이스라엘
이스라엘에서 발견된 3,700년쯤 전의 것으로 추정되는 상아 고양이상(像)과 시리아와 터키에서 발견된 신석기시대의 것으로 여겨지는 비슷한 점토상과 석조상은 당시 고양이가 이 지역들에서 확고한 입지를 다졌다는 걸 보여준다.

3,700년 전

초기의 다른 어울림들

그 외의 다른 곳에서 일어난 교류는 인간과 다른 야생고양이 종 사이에서 일어났던 것으로 보인다. 중국에서 발견된 5,300년 전에 사람들 곁에서 살았던 고양이들의 유골은 처음에는 F. l. 리비카의 것으로 여겨졌지만, 나중에 표범살쾡이Prionailurus bengalensis의 것으로 판명되었다. 놈들은 아마 인간과 공생관계를 발전시켰을 것이다. 인간과 표범살쾡이의 이런 어울림은 대단히 제한적으로 일어났던 게 분명하다. 중국에 있는 현대의 모든 집고양이는 유전적으로 펠리스 l. 리비카와 관련이 있기 때문이다. 비슷한 사례로, 이집트인들은 F. l. 리비카와 서식지역이 겹치는 정글고양이Felis chaus를 길들인 것으로 알려져 있지만, 현대의 집고양이의 유전자에 정글고양이의 것이 있다는 증거는 없다. 이건, 표범살쾡이와 비슷하게, 정글고양이가 이런 순치 단계를 넘어선 관계를 인간과 발전시킨 적이 결코 없다는 걸 보여준다.

표범살쾡이는 숲에서 서식하는 대형 야생고양이로, 아시아대륙의 남부와 서남부, 동부의 토착동물이다.

순치가 일어난 곳은 어디인가?

지리적으로 널리 퍼져 있는 고고학적 증거들은 지중해 동쪽의 분지 주위에 있는 다양한 곳에서 순치가 시작되었을 거라는 걸 시사한다. 집고양이의 유전자 풀gene pool이, 시기적인 차이는 있지만, 야생고양이 F. I. 리비카의 두 가지 유전적 하위 유형에서—하나는 중동(현재의 터키)에서, 다른 하나는 이집트에서—파생되었다는 걸 보여주는 최근의 상세한 유전자 분석이 이런 결론을 뒷받침한다. 각각의 개체군이 제각기 순치된 후 나중에 이종 교배한 것인지, 아니면 한 유형이 순치된 이후에 이주를 해서 그 지역의 다른 야생고양이 개체군과 이종 교배를 한 것인지 여부는 아직 확인되지 않았다.

DNA 연구

집고양이의 혈통을 풀어내려 애쓰는 연구자들은 미토콘드리아 DNAmtDNA로 알려진 특정한 유전물질의 출처를 활용해 왔다. 이 DNA는 모든 세포의 에너지원인 미토콘드리아에서 발견되기 때문이다. 양친에게서 물려받는 핵 DNA와 달리, mtDNA는 어머니를 통해서만 전해지고, 그래서 과학자들은 그걸 활용해서 집고양이의 모계 혈통을 추적한다. 일부 연구는 고양이의 진화사를 보여주는 그림을 그려내기 위해 현존하는 집고양이와 야생고양이 종들의 샘플을 검사했고, 다른 연구는 고고학자들이 발굴한 고대의 유골들을 활용했다.

모든 집고양이의 조상인 북아프리카의 야생고양이 펠리스 리비카 리비카.

고양이가 문턱을 넘다 ✑

순치가 일어난 곳은 여러 곳인 듯하지만, 고양이가 인간의 삶에서 특별한 자리를 찾아냈다는 걸 보여주는 증거는 이집트에서 나왔다. 3,500년쯤 전부터 고양이를 묘사한 무덤 속 그림과 조각 품이 나타나기 시작했다. 초창기 그림 중 일부는 사람들 옆에서 사냥하는 고양이들을 보여주면 서 당시 고양이가 맡은 역할이 사냥꾼이거나 쥐 잡는 일꾼이었다는 걸 알려준다. 나중의 작품들 은 집안에 있는, 테이블과 의자 아래에 있는 고양이들을 묘사한다. 이 주목할 만한 기록들은 세 월이 흐르는 동안 고양이가 곡물창고에서 나와 우리의 집으로 들어오는 길을 개척하게 된 이야 기를 들려준다.

고대의 관계

고대 이집트에서 고양이는 쥐를 잡는 일꾼과 동반자라는 평범한 지위에서 존경받고 신격화된 존재로 서서히 발전했다. 예를 들어, 파크헤트Pakhet는 전쟁의 고양이 여신이었고, 바스테트Bastet 는 비옥함과 모성애의 여신으로, 고양이나 새끼고양이에 둘러싸인 채 고양이의 머리를 들고 있 는 여성으로 묘사되는 게 보통이다. 일반 가정에서도 고양이를 소중한 반려동물로 기르기 시작

▼ 이집트의 필경사 네바문(Nebamun, 기원전 1350년경)의 무덤 속 예배실에 그려진 그림은 나일의 습지에서 그와 그 의 가족과 함께 새를 사냥하는 고양이를 묘사하고 있다.
▶ 고양이 여신 바스테트 조각품. 오른손에는 시스트럼(sistrum, 악기)을 들고 왼손에는 고양이 머리가 장식된 방패, 또 는 옷깃을 들고 있다.

▲이집트 왕실의 조각가 이푸이(Ipuy, 기원전 1250년경)의 무덤에서 나온 그림. 작은 새끼고양이가 이푸이의 무릎에서 놀고 있고, 목걸이를 한 다른 고양이가 그의 아내가 앉은 의자 아래에 앉아 있다.

했다. 헤로도토스Herodotos에 따르면, 반려묘가 죽으면 가족 전원이 애도중이라는 걸 보여주기 위해 눈썹을 밀었다. 부유한 가정에서는 사랑하는 반려묘를 미라로 만들어 많은 고양이 무덤 중 한 곳에 매장하기도 했다. 이집트문화에서 고양이의 위상이 그토록 중요했던 까닭에 반려묘를 죽이는 건, 설령 사고로 그랬더라도, 사형 처벌을 받을 수도 있는 범죄였다.

하지만 고대 이집트의 모든 고양이가 그런 존경을 받은 건 아니었다. 바스테트와 다른 고양이 신神이 숭배되는 한편에서는 고양이를 미라로 만들어 제물로 바치는 게 보편적인 관행이 되었다. 많은 고양이가 사원의 고양이 위탁소에서 사육되다 아주 어린 나이에 도살돼 미라로 만들어진 후 사원 방문객에게 제물로 팔렸던 게 분명하다. 제물용 고양이를 기르는 건 반려묘가 쟁취한 위상하고는 기이하게도 상충하는 것처럼 보인다. 그리고 그런 관행은 고양이 살해를 반대하는 법률에서도 예외로 인정되었던 게 분명하다.

▶ 고대 고양이 미라. 이런 미라들을 X-레이로 분석해 본 결과는 무척 어린 고양이의 목을 부러뜨려 죽인 후 붕대를 공들여 감고는 미라로 만들었다는 걸 보여준다.

기원전 1세기에 폼페이에서 제작된 모자이크의 일부. 새를 공격하는 고양이를 묘사하고 있다. 태비 고양이가 로마인들의 일상생활의 일부가 되었다는 걸 입증한다.

큰 도움을 주는 우리 삶의 히치하이커

사랑하는 고양이를 자신들 곁에만 두고 싶었던 고대 이집트인들은 고양이의 수출을 금지했고, 고양이가 국외로 밀수되면 고양이를 회수하려고 정부 요원을 파견하기까지 했다. 이런 금지령이 있었음에도, 고양이는 지중해 주위의 다른 곳들에서 모습을 나타내기 시작했다. 대체로는 페니키아 무역선들이 거둔 성공 때문이었다. 고양이가 곡물창고에서 유해한 동물들을 잡는 데 유용한 존재라는 게 입증됨에 따라, 선상에 고양이를 태우는 것은 항해하는 동안 설치류가 없는 상태로 화물을 보관할 수 있다는 뜻이었다. (이집트인들이 고양이 도둑이라고 부른) 페니키아인들은 고양이를 밀수해서 배에 태웠거나, 항구에 있을 때 거래한 품목에 고양이를 포함시켰을 것이다. 임신한 암고양이 몇 마리만 얻어 배에 태우면 새로운 고장에 고양이를 퍼뜨리고 번식시킬 수 있었다.

고양이는 이렇게 처음에는 그리스로, 다음에는 이탈리아로 가는 길을 찾아냈다. 고양이는 처음에는 이 새로운 터전들에서 설치류를 잡는 동물로 선택되기 위해 다른 포식자들(흰담비와 족제비)과 경쟁했지만, 새로운 땅에서 입지를 일단 다진 고양이는 이후로 로마제국이 팽창함에 따라 유럽 전역에서 보편적으로 볼 수 있는 동물이 되었다. 고양이는 그렇게 거침없는 걸음을 내딛는 동안 로마의 선박에 탑승한 또 다른 밀항 동물을 만나게 되었다. 곰쥐black rat, Rattus rattus였다. 로마시대의 고양이는 오늘날의 고양이보다 덩치가 컸다고 한다. 그래서 고양이는 곰쥐처럼 덩치가 크고 만만치 않은 먹잇감을 더 잘 해치우는 쪽으로 진화했을 것이다.

토머스 앨럼Thomas Allom이 그린 이 19세기 회화 작품은 중국의 고양이 상인 무리를 묘사한다. 당시 동양에서 인기를 얻고 있던 고양이는 그곳에서 무역선에 태워졌다.

상인과 탐험가

세계 전역에서 교역이 발달하는 동안 고양이가 그 뒤를 따랐다. 이것이 몇 세기 동안 지속된 패턴이었다. 8세기에, 바다를 항해하는 고대 스칸디나비아인(이른바 바이킹시대)들이 활동 영역을 유럽과 러시아로 넓힌 것이 고양이가 상이한 항구들과 새로운 땅에 다다르는 걸 거들었다. 그리고 동양으로 향하는 교역로가 열리면서 고양이는 동양에 도착할 수 있었다. 동양에서 고양이는 비단을 토해내는 귀중한 누에를 설치류로부터 보호하면서 자신의 가치를 입증했다. 16세기 초부터, 유럽의 식민지 주민들과 탐험가들은 고양이를 데리고 대서양을 가로질러 아메리카대륙으로 향했다. 고양이가 호주에 당도하는 데 걸린 시간은 조금 더 길었다. 호주 대륙에 서식하는 길고양이feral cat의 DNA를 분석해 본 결과, 놈들 대부분은 19세기에 유럽 탐험가들과 함께 도착했을 가능성이 크다는 게 드러났다.

바다 위의 삶

집고양이가 멀리 떨어진 땅의 식민지 개척자로 성공을 거둔 것은 대체로 선상船上 생활에 적합한 특성 덕이었다. 교역을 위해 새로운 항구들로 항해하는 뱃사람 입장에서, 고양이는 유지비용이 적게 드는 동반자였다. 고양이는 배에 실린 화물을 노리는 유해 동물을 잡아먹는 것으로 스스로 끼니를 해결했다. 그리고 고양이는—뱃사람들의 골칫거리인—괴혈병에 무릎을 꿇는 일이 결코 없었다. 먹이를 잡아먹는 것만으로 필수 영양분이 전량 충족되었기 때문이다. 이 식단은 고양이에게 필요한 수분도 대부분 공급했다. 그래서 고양이는 신선한 물이 거의, 또는 전혀 필요하지 않았다.

극동의 고양이

몸은 호리호리하고 탄탄하며 성격은 띌 정도로 친근해서 서양의 고양이들과 다르게 보이는, 샴Siamese과 코라트Korat 같은 극동의 고양이들은 오랫동안 아시아의 토종 야생고양이인 아시아들고양이(펠리스 리비카 오르나타)의 후손으로 여겨졌었다. 이후에 행해진 DNA 분석은 세계의 모든 고양이는 펠리스 리비카 리비카의 후손이라는 걸 확인해 주었다. 공통의 조

▲ 동양의 블루 포인트 샴blue point Siamese 같은 고양이는 전형적으로 몸이 호리호리하고 탄탄하며 얼굴은 가느다랗고 뾰족하다.

상을 갖고 있음에도, 아시아산 고양이들은 서구의 집고양이, 또는 "나비"와는, 그리고 브리티시 숏헤어British Shorthair 같은 족보 있는 서양의 품종들과는 유전적 프로필이 다르다. 이렇게 된 이유는 동양의 개체군들이 상대적으로 고립되었기 때문일 것이고, 그 결과 동양 고양이의 과거의 조상들에게는 이종 교배할 야생고양이가 없었기 때문일 것이다. 아시아의 이런 개체군들은 세계 다른 지역의 고양이들과 다르다는 점 외에도, 그들 사이에서도 유전적으로 다르다. 이건 상이한 지역들 사이의 이동이나 이종 교배가 거의 없었다는 걸 뜻한다. 그런 고립은 "유전적 부동"(맞은편 상자를 보라)을 통한 변화를 가져온다.

▲ 집고양이, 또는 "나비"는 생김새와 크기가 무척 다양하다.

◀서양의 브리티시 숏헤어는 얼굴이 넓적하고, 옹골진 근육질인 몸에는 대단히 촘촘한 털이 덮여 있다.

빠진 조각들 채우기

현재 집고양이는 남극대륙을 제외한 모든 대륙에 서식한다. 고양이는 인구 과밀인 도시부터 외딴 섬까지 상상할 수 있는 거의 모든 환경에서 서식할 수 있도록 진화해 왔다. 고양이 순치가 이루어진 근원을 규명하고, 이후로 어떻게 그 지역에서부터 고양이가 퍼져 나왔는지를 숙고해 온 과학자들은 2008년에 세계 곳곳의 (마구잡이로 번식한 집고양이와 족보가 있는 품종들을 다 아우르는) 집고양이 개체군의 최신 유전적 다양성을 자세히 살펴 일부 세부 사항들을 채워 넣었다. 예를 들어, 미국과 서유럽에 서식하는 고양이들에서 발견되는 유전적 유사성은 유럽의 식민지 개척자들이 (진화적인 관점에서는) 최근에야 고양이를 신대륙에 데려갔기 때문에 아직까지는 많은 유전적 변화가 일어나기에 충분한 시간이 없었다는 걸 시사한다. 지중해 주위의 고양이들도 유전적으로는 서로 비슷한 편이다. 이건 이 지역의 고양이들이 고대 이후로 꾸준히 교류하면서 유전자가 섞였다

유전적 부동

유전적 부동genetic drift 은, 특히 소규모 개체군에서, 어떤 개체군 내부에 존재하는 특정 유전자의 발현 빈도에 무작위적 변화가 일어날 때 관찰할 수 있다. 이런 변화는 시간이 흐르는 동안 어떤 개체군에서 사라지는 유전적 특징과 고착돼 가는 다른 특징을 낳는다. 어떤 개체군 내에서 특정한 특징들을 선호하는 것을 통해 작동하는 자연선택과 달리, 유전적 부동은 전적으로 우연히 발생한다. 예를 들어, 수천 년 전부터 싱가포르섬 같은 새로운 지역에 대량 서식하게 된 소규모의 고양이 집단은 이종 교배할 수 있는 다른 집고양이나 야생고양이를 만나지 못했을 것이다. 무작위적인 유전자 상실과 획득을 통해 진화해 온 이런 고양이들의 외모는, 집고양이들끼리 그리고 토착 야생고양이들과 계속해서 이종 교배를 해온, 그 결과로 유전자 풀 내부에 유전적 다양성을 계속 "보충"해 온 지중해 주위의 고양이들의 그것과 서서히 달라질 것이다.

는 걸 반영한다. 하지만 지리적 고립이나 유전적 부동으로 설명할 수 있는, 약간 상이한 유전적 구성을 가진 고양이의 "작은 집단pocket"들이 존재한다. 예를 들어, 피레네산맥에 의해 프랑스와 분리된 스페인과 포르투갈에 서식하는 고양이의 유전적 프로필은 유럽 나머지 지역의 고양이의 그것과 비슷하지 않다.

고양이들이 줄무늬를 바꾸기 시작하다 ✑

고양이는 수세기 동안 F. I. 리비카가 조상 전래로 물려받은 무늬—줄무늬 또는 이집트의 초기 회화 작품에 묘사된 것과 비슷한 "매커럴(mackerel, 고등어)" 스타일의 얼룩무늬—를 유지했다. 고양이가 세계 전역으로 퍼져가는 동안, 무작위적인 유전적 돌연변이가 발생하면서 이따금 생김새가 약간 다른 개체들이 태어났고, 새로운 털 색깔이 나타났다. 오렌지orange 또는 "진저(ginger, 연한 적갈색)", 블랙black, 블랙 앤 화이트black and white, 그리고 훨씬 나중에 블로치드 태비(상자를 보라)로 알려진 얼룩무늬의 상이한 형태. 상이한 색상의 출현은 자연선택과 인위적 선택 모두의 결과물이다. 일부 사람들은 일

블랙

블랙 앤 화이트

칼리코Calico

토터셸Tortoiseshell

부 색상의 조합을 좋아했는데, 고양이를 무역선에 태운 뱃사람들이 발휘한 변덕은 다음 기항지로 수송되는 특정 색상의 고양이를 선호하는 인위적 선택의 초기 형태였다. 자연선택은 특정한 털 색깔에는 불리하게 작용한다. 사람들이 항상 좋아하는 순백색의 고양이는 청각장애에 시달리는 일이 잦고 피부암에 걸리는 경향이 있다.

일부 무늬는 세계의 상이한 지역들에

▶ 최초의 매커럴 태비에서 무수히 많은 색깔과 무늬가 진화해 왔다. 고양이 유전자에 대한 지식과 이해가 늘어난 덕에, 고양이 브리더들은 이 기초적인 색깔들을 발전시켜—색깔들이 희석된 변종 같은—한층 더 다양한 변종을 만들어냈다. (털 색깔과 무늬를 결정하는 유전자 코딩의 상호작용은 69~71페이지에서 논의한다.)

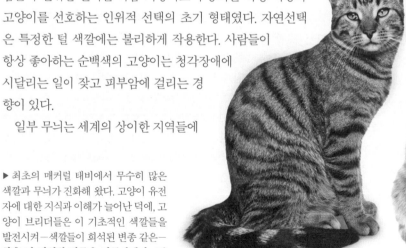

매커럴 태비

진저

화이트

▲ 눈동자가 파란 흰색 고양이는 청각장애를 입기 쉽지만, 여전히 반려묘 묘주들에게 인기가 좋다. 족보가 있는 많은 품종도 흰색 털 색깔을 품종 기준breed standard의 항목으로 설정하고 있다.

블로치드 태비

14세기경, 개체군에—태비 유전자의 돌연변이에 의해 초래된—새로운 태비 유전자의 변화가 나타났다. "블로치드(blotched, 얼룩진)" 또는 "클래식classic" 태비의 특징은 몸통 옆면에 소용돌이무늬나 대리석무늬가 있는 것이다. 이 무늬는 개체군 내에서 발생빈도가 더 높아졌고, 18세기경에는 무척 보편화되면서 결국에는 매커럴 태비를 능가하는 빈도로 세계 전역에 퍼졌다. 과학자들은 이런 무늬가 많아진 것에 어리둥절했다. 이 무늬가 사람들이 선호했기 때문에 이렇게 널리 퍼진 것처럼 보이지는 않았기 때문이다. 게다가, 이 형질trait은 "열성recessive"(67페이지를 보라)으로 알려졌다. 고양이가 그런 무늬를 가지려면 부모 각각으로부터 그런 유전자를 하나씩 받아 그런 유전자 두 카피copy를 가져야만 한다는 뜻이다. 열성 형질은 어떤 개체군 내에서 표현되거나 그렇게 널리 퍼질 가능성이 낮은 게 보통이다. 이 형질이 퍼지는 게 가능하다는 사실은 블로치드 무늬를 갖는 것이 우리가 아직까지는 모르는 다른 이점을 고양이에게 준다는 걸 가리킨다.

더 널리 퍼져 있다. 이런 현상은 그 고양이의 원산지와 고양이를 다른 항구로 옮겨주는 수송경로를 반영하는 경우가 잦다. 예를 들어, 고양이의 오렌지 유전자를 연구한 결과는 북아프리카와 소아시아의 해안을 따라 발생빈도가 높고, 이집트의 알렉산드리아에서는 특히 집중적으로 발생했다는 걸 보여주었다. 알렉산드리아는 원래의 오렌지 돌연변이가 발생한 근원지였을 것이고, 오렌지 고양이는 그곳에서 지중해 수송경로를 따라 퍼져나갔을 것이다. 오렌지 유전자는 스코틀랜드 북부에서도 높은 집중도를 보였고, 잉글랜드와 유럽의 다른 소규모 지역들에서도 약간의 빈도를 보였다. 이건 오렌지 고양이를 선호했던 바이킹들이 나중에 이런 고양이를 북유럽의 항구들로 수송한 데 따른 결과일 것이다.

특정한 신체적 특징을 빚어내기 위해 의도적으로 번식을 시키는 행위는 19세기가 되어서야 본격적으로 시작되면서 화려한 품종들을 애호하는 추세를 보여주었다. 이것은 6장에서 다루는 주제다.

진화는 고양이를 어떻게 변화시켰나?

2014년에 집고양이 게놈genome의 상세한 유전체 분석 sequencing이 공개되면서 과학자들은 현대의 고양이를 조금 더 자세히 살피고 다른 육식동물들과 비교해서 고양잇과가 진화한 과정을 이해할 수 있게 되었다. 과학자들은 고양잇과가 보유한, 일반적인 냄새를 감지하는 능력과 관련된 유전자가 개에 비해 적다는 걸 발견했다. 고양이는 먹잇감과 환경에 대한 정보를 감지하는 데 있어 개보다는 냄새에 덜 의존하는 대신, 시각과 청각을 더 많이 활용한다. 한편, 고양이는 서비골 후각 vomeronasal olfaction과 관련된 유전자를 더 많이 보유하고 있는 듯 보인다. 고양이(그리고 개)는 서비골 기관(vomeronasal organ, 60~61페이지를 보라)을 사회적 냄새social scent를 조사하는 데 활용한다. 이건 고양이들끼리 의사소통을 할 때 후각에 엄청나게 많이 의존한다는 걸 보여준다. 고양이가 혼자 생활하는 라이프 스타일을 개보다 더 선호한다는 걸 반영한 결과일 것이다.

고양이는 과육식성 식단을 소비하는 쪽으로도 진화했다. 당연히 그런 식단은 지방이 무척 많고, 그래서 고양이는 그런 식단에 생리적으로 적응할 필요가 있었다. 고양이는 이렇게 섭취한 지방을 무척 효율적으로 대사시키고, 그 결과 인간을 비롯한 일부 다른 포유동물이 직면한 심장 질환에 걸릴 위험을 피한다.

전형적인 "플레멘flehmen" 반응(61페이지를 보라)을 보여주는 고양이는 후각 시스템의 서비골 부위를 통해 다른 고양이들이 남긴 냄새를 조사하는 데 익숙하다.

순치의 효과

집고양이는 (일부 극단적인 순종 품종들을 제외하면) 인간 곁에서 1만 년을 살았으면서도 야생의 조상인 펠리스 리비카 리비카와 두드러질 정도로 비슷해 보인다. 고양이의 순치는, 개 같은 다른 종들에 비하면, 상대적으로 최근에 일어난 일이다. 그리고 인간은 고양이를 잠재적인 특징보다는 기존에 갖고 있는 특징 때문에 길렀다. 개는 썰매를 끌기 위해, 가축을 몰거나 지키기 위해,

아프리카들고양이 펠리스 리비카 리비카는 단독으로 생활하면서, 짝짓기할 때와 어린 새끼들을 키울 때를 제외하고는, 서로 접촉하는 걸 피하는 게 일반적이다.

사냥감을 물어오기 위해, 마약을 탐지하기 위해, 인간의 길을 안내하고 동반자 노릇을 하기 위해 무척이나 다양한 형태로 번식되었지만, 고양이는 쥐잡기 그리고/또는 우리 곁을 지키는 것을 훌쩍 뛰어넘는 일을 할 거라는 기대를 받은 적이 없다.

하지만 순치는 F. 카투스와 F. l. 리비카 사이에 약간의 형태학상 차이를 낳은 듯 보인다. 각각의 야생의 조상을 비교해 보면, 집고양이는 다리가 짧고 창자가 길다(창자가 긴 것은 조리되고 가공된 사료를 먹이고 고양이의 식단에 음식물 쓰레기를 도입한 데 따른 결과인 듯하다). 집고양이는 뇌도 작아졌다. 이건 가축화된 다른 종들에서도 관찰되는 특징으로, 공포 반응fear response이 줄어든 것과 관련이 있는 것으로 판단된다.

적응력이 뛰어난 고양이

야생고양이는 영역territory을 강하게 주장하며 단독생활을 하는데, 많은 집고양이도 이런 방식으로 행동한다. 하지만 순치는 집고양이들이 다른 고양이들을 더 잘 감내하게 만들었다. 그래서 일부 길고양이는 꽤 큰 군집colony에 속해 살기도 한다. 그리고 때로는 집고양이에게 그들의 공간을 다른 동거묘와 공유하라고 설득할 수도 있다. 최근에 행해진 게놈 연구 결과, 집고양이는 보상reward을 받기 위한 학습, 공포 반응, 기억과 관련된 유전자들이 변했다는 게 드러났다. 이 모든 변화는 고양이가 인간 곁에서 유순하게 행동하고 편안하게 지낼 수 있게 해주었다. 과학적 연구는 집고양이와 야생고양이 사이의 미묘한 차이를 새로 밝혀내기도 했다. 예를 들어, 집고양이와 야생고양이의 목소리는 살짝 다르다. 사람들은 집고양이가 내는 야옹 소리를 더 매력적으로 느낀다. 순치가 일어나는 동안, 더 다정하게 들리는 야옹 소리를 내는 고양이들이 인위적으로 선택됐다는 것을 시사한다.

◀ 고양이는 어미와 새끼고양이 사이에 자주 사용되는 "야옹" 소리를 인간의 눈길을 끌고 인간과 교류하는 쪽으로 적응시켜 왔다.

제2장

해부학적 구조와 생리

고양이의 골격과 근육 ⌒

고양이의 골격은 포유동물의 표준적인 골격과 상당히 많이
닮았지만, 고양잇과 동물의 포식자 라이프 스타일을 위해 사
냥하는 동물에게 필요한 힘과 유연함, 스피드를 그 골격에 부여하는
쪽으로 신체가 수정되었다. 여기에는 고도로 움직임이 자유로운 척추, 앞다리를 자유자재로 움
직일 수 있게 해주는 굉장히 축소된 쇄골, 인상적인 근육들이 포함된다. 고양이는 이런 특징들
덕에 낮게 웅크린 채로도 먹잇감을 향해 슬금슬금 이동할 수 있고, 별다른 노력을 기울이지 않
는 것 같으면서도 높은 곳에 오르고 점프하고 균형을 유지하는 민첩성을 갖게 되었다.

척추와 쇄골

고양이가 울타리 밑을 비집고 들어가거나 엄청나게 좁은 철창을 통과하는 모습을 봤다면, 고양
이의 몸이 엄청나게 유연하다는 걸 잘 알 것이다. 고양이의 유연성은 부분적으로는 고양이 척
추의 적응력 덕분이다. 인간의 척추는 32개에서 34개 사이의 뼈로 구성된 반면, 집고양이 대부
분의 척추뼈는 52개나 53개인데, 고양이에게 추가된 뼈의 대부분은 꼬리를 형성한다. 척추뼈가
많다는 사실만으로도 운동능력이 향상되는데, 각각의 뼈 사이에 있는 관절이 특히 자유로이 움
직인다는 점은 운동능력을 더욱 향상시켜 준다.

집고양이의 꼬리는 고양이가 사회적 교류를 하는 동안 신호를 보내는 중요한 도구로 사용된
다(3장과 4장을 보라). 꼬리는 균
형 잡는 걸 도와주는 도구 역
할도 한다. 꼬리에 있는 신경과
근육 덕에, 고양이는 필요할 때
면 꼬리를 세우거나 내리거나
말 수 있다. 하지만 이런 장점
들이 있음에도, 꼬리가 없는 맹
크스(Manx, 202페이지를 보라)와
꼬리가 짧은 품종들은 짧거나
아예 없는 꼬리로도 어찌어찌

▶ 고양이의 몸에는 뼈가 평균 244개
있다. 인간보다 30개에서 40개 더 많
다. 추가된 뼈는 대체로 고양이의 척추
와 꼬리에서 발견된다.

고양이의 골격

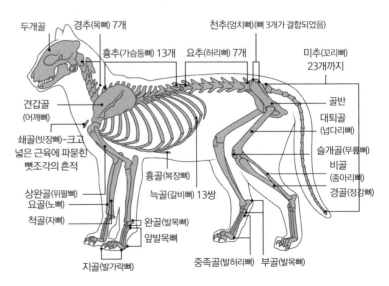

두개골 · 경추(목뼈) 7개 · 천추(엉치뼈)(뼈 3개가 결합되었음)
흉추(가슴등뼈) 13개 · 요추(허리뼈) 7개 · 미추(꼬리뼈) 23개까지
골반
견갑골(어깨뼈) · 대퇴골(넙다리뼈)
쇄골(빗장뼈)-크고 · 슬개골(무릎뼈)
넓은 근육에 파묻힌 · 비골(종아리뼈)
뼛조각의 흔적 · 흉골(복장뼈) · 경골(정강뼈)
상완골(위팔뼈) · 늑골(갈비뼈) 13쌍
요골(노뼈) · 완골(발목뼈)
척골(자뼈) · 앞발목뼈
지골(발가락뼈) · 중족골(발허리뼈) · 부골(발목뼈)

생활을 헤쳐나가는 듯 보인다.

쇄골이 어깨뼈와 가슴뼈를 이어주는 길고 중요한 뼈 역할을 하는 인간을 비롯한 많은 포유동물에 비해볼 때, 고양이의 쇄골은 다른 뼈들에 부착되어 있지 않고 크기도 무척 작다. 이건 개를 비롯한 육식동물 종과 말처럼 발굽이 있는 일부 동물에서 보편적으로 보이는 특징이다. 어깨뼈는 이런 특징 덕에 훨씬 더 자유로이 움직이면서 동물들이 더 빠르게 달릴 수 있게 해준다. 이런 특징은 고양이가 뭔가를 추적하거나 몰래 접근할 때 장점이 되고, 또한 고양이가 몸을 들이밀어 비좁은 틈을 통과하거나 앞다리를 가깝게 모아 높은 선반에 놓인 귀중품들 사이를 발끝으로 살금살금 걸어갈 수 있게 해준다.

고양이는 척추와 쇄골이 변화된 덕에 극도로 좁은 공간도 비집고 들어갈 수 있다.

근육

결합조직connective tissue—골격을 붙들고 움직임을 용이하게 해주는 인대와 힘줄, 근육—의 복잡한 배열이 고양이의 유연한 골격 구성을 보완해 준다. 고양이는 대부분의 포유동물들처럼 세 가지 상이한 유형의 근육을 갖고 있다.

1. 심근心筋, Cardiac muscle 수축과 이완을 통해 심장이 계속 박동하고 혈액이 순환되게 해준다.

2. 민무늬근Smooth muscle 자율신경계의 통제 아래 신체의 불수의운동을 수행하면서 호흡과 혈압, 소화 같은 기능을 유지한다.

3. 골격근Skeletal muscles 힘줄에 의해 뼈에 부착된 근육으로, 수의운동을 책임진다. 걷고 뛰고 점프하는 등의 활동에 사용된다. 긴 근육질 뒷다리는 믿기 힘든 높이까지 점프하는 데 필요한 힘을 제공하고, 먹잇감을 쫓을 때 순간적으로 엄청난 스피드를 낼 수 있게 해준다.

체형

평균적인 태비 집고양이는 조상인 현대의 아프리카들고양이 펠리스 리비카 리비카와 생김새가 비슷하다. 아프리카들고양이는 다리가 더 길고 걸음걸이가 치타와 가깝지만 말이다. 고양이의 몸은 선택적 번식을 통해 상이한 형태를 취해왔다. 샴 같은 동양 품종들은 호리호리하고 뼈가 가는 편이다. 브리티시 숏헤어 같은 일부 서양 품종은 "코비(cobby, 땅딸막하다)"라는 단어로 자주 묘사되는 다부진 몸을 발전시켜 왔다. 번식업계에서 논란의 대상인, 먼치킨Munchkin 같은 다른 신종 "난쟁이dwarf" 품종들은 짧은 다리를 갖도록 개발되었다.

코비   동양   난쟁이

태비

고양이가 움직이고 균형을 잡는 방법 ✑

고양이는 움직이는 속도에 맞춰 다리 움직임을 조정하는 방식을 바꾼다. 고양이는 걸을 때는 "페이싱pacing" 걸음걸이로 알려진 방식을 활용한다. 몸통 한쪽에 있는 두 다리를 다른 쪽에 있는 두 다리보다 먼저 움직이는 것으로, 순서는 다음과 같다. 오른쪽 뒷다리, 오른쪽 앞다리, 왼쪽 뒷다리, 왼쪽 앞다리. 움직임을 조정하는 고양이의 이런 인상적인 능력 덕에 고양이는 각각의 발을 다른 발 앞에 놓을 수 있고, 그래서 거의 일직선으로 걸으면서 잘 알려진 우아하기 그지없는 움직임을 보여준다. 고양이가 빠른 걸음trot으로 걷는 속도를 높이면, 대각선 방향으로 마주보는 다리들이 동시에 움직이는 방식으로 다리를 움직이는 순서가 바뀐다. 전력질주gallop로 속도를 붙인 고양이는 다리들을 움직이는 시점을 상이하게 맞추는 방식을 활용해 세 가지 스타일 중 하나를 활용할 수 있다. 그리고 흥미롭게도, 고양이는 장기간 달릴 때는 다양한 질주 스타일 사이에서 변화를 보여줄 수 있다. 전방으로 움직이는 데 필요한 거의 모든 힘은 뒷다리에서 나오고, 앞다리는 머리와 어깨의 무게를 지탱하면서 브레이크 노릇을 수행하는 경우가 더 많다.

균형 잡기

고양이는 아주 좁은 표면 위에서도

고양이는 어떻게 (거의) 항상 발로 착지할까?

높은 데서 떨어지는 고양이가 발로 착지하는 놀라운 능력은 많은 연구가 다룬 주제였다. 고양이가 공중에서 보여주는―"정위반사righting reflex"로 알려진―이 묘기는 고양이만의 것은 아니지만, 고양이의 척추가 보여주는 탁월한 유연성이 없다면 가능하지 않을 것이다. 반사작용은 고양이가 떨어지고 있다는 걸 감지한 귓속의 균형기관에서 시작된다. 고양이가 보이는 즉각적인 반응은 얼굴이 아래를 향하도록 머리를 돌리는 것이고, 앞다리를 같은 방향으로 회전시키는 게 그 뒤를 이으며(이 시점에서 앞발을 턱 밑으로 넣을 것이다), 다음에는 뒷다리를 그렇게 하는 것이다. 몸 전체가 바른 방향이 되면, 고양이는 착지를 준비하기 위해 등을 구부리고 다리를 쭉 편다. 착지에 따른 상당한 충격은 고양이의 유연한 어깨와 척추에 흡수된다. 이 모든 걸 지면에서 불과 30센티미터 떨어진 곳에서, 불과 몇 초 사이에 수행할 수 있다.

▶ 고양이의 페이싱 걸음걸이. 고양이가 왼쪽에서 오른쪽으로 페이지를 가로지르는 동안, 오른쪽 뒷다리부터 시작해서 곧 움직이게 될 다리를 파란색으로 강조했다.

1   2

고양이는 좁디좁은 표면 위를 가로질러 걷는 시도를 자주 한다. 그러는 동안 전정기관에서 얻은 정보를 처리하고, 발을 조심스레 위치시키며, 꼬리를 균형을 잡는 도구로 활용한다.

균형을 잡는 인상적인 재주를 가졌다. 고양이는 유연한 몸과 "균형 잡는 장대balance pole" 노릇을 하는 꼬리 말고도, 위치와 관련된 정보를 모아 뇌에 전달하는 전정계vestibular system, 또는 전정기관으로 알려진 내이內耳의 일부 부위에 이 재주의 많은 걸 의존한다. (이 기관을 비롯한 귀 전체를 보여주는 도해는 56페이지에 있다.) 반원형 관管 세 개가 이 기관의 일부를 형성한다. 그 관에는 액체가 채워져 있고, 관의 내부 표면은 액체가 움직일 때 운동 방향을 감지해 고양이에게 알려주는 작은 털들로 덮여 있다. 전정기관 내의 다른 두 공간—난형낭utricle과 구형낭saccule—에는 고양이가 머리를 움직일 때 움직이는 속도와 상하의 운동 방향에 대한 정보를 모아 뇌에 전달하는 자그마한 이석耳石들이 들어있다.

3   4   5

두개골과 치아 구조 ❧

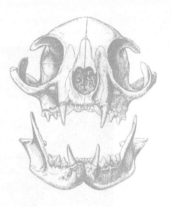

고양이는 인상적일 정도로 유연한 골격과 능률적인 운동능력을 갖추는 것 외에도, 절대 육식동물과 고도로 유능한 사냥꾼으로서 라이프 스타일을 반영한 두개골과 치아 구조에 적응하는 쪽으로도 진화했다.

두개골

고양이의 눈구멍eye socket은 큰데다가 전방을 향하고 있다. 시각을 활용한 포식 행위를 돕기 위해서다. 고양이의 아래턱뼈는 간단한 경첩에 의해 위턱뼈에 연결되어 있다. 고양이는 턱을 위아래로만 움직일 수 있고 양옆으로는 움직이지 못한다는 뜻이다. 교근(咬筋, 깨물근)이 이런 상하上下 운동을 통제한다. 교근은 고양이가 먹잇감을 강하게 붙잡아 둘 수 있게 해주면서, 입으로 문 사냥감을 끌거나 운반한 후 작은 조각들로 베어 무는 데 필요한 힘도 제공한다.

이빨

고양이는 다른 많은 육식동물보다 이빨이 적다. 이 이빨들은 먹잇감을 신속하게 해치우고는 살을 자르고 뼈를 부러뜨리는 데 고도로 전문화하도록 진화되었다.

고양이의 두개골

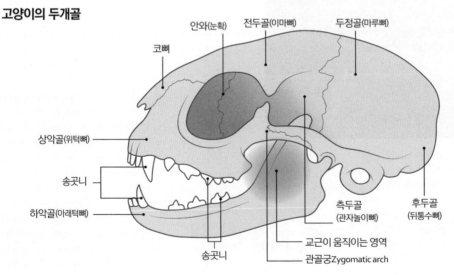

고양이 두개골의 전형적인 모습. 선택적인 브리딩의 결과로, 일부 고양이 품종은 두개골이 여기에 보이는 것보다 짧아지거나(단두종) 좁아졌다(장두종, dolichocephalic).

새끼고양이는 이빨이 없는 채로 태어난다. 생후 2주에서 6주 사이에 26개의 젖니乳齒가 돋아나기 시작한다. 이 첫 이빨은 바늘처럼 날카롭다. 이것이 어미가 새끼들을 돌보다가 새끼들의 이빨이 할퀴기 시작하면 새끼들의 젖을 떼게 만드는 요인일 것이다. 새끼고양이가 생후 3개월에서 6개월 사이일 때 돋아나는 영구치 30개가 서서히 젖니를 대체한다.

고양이의 위 송곳니 두 개와 아래 송곳니 두 개는 길쭉하고 양옆이 살짝 편평하다. 이 이빨들이 먹잇감의 척추뼈 사이를 쑤시고 들어갈 때 전형적인 "킬링 바이트killing bite"를 가한다. 송곳니에 있는 촉각 수용기touch receptor는 고양이의 이빨이 제일 효율적인 방향으로 먹이를 물 수 있도록 돕는다. 입 앞부분에 있는, 겉만 보면 중요도가 훨씬 낮아 보이는 앞니(incisor, 위에 여섯 개, 아래에 여섯 개)는 먹잇감을 붙들어 두는 걸 돕고, 고양이가 그루밍grooming을 할 때도 사용된다. 송곳니 바로 뒤에는—위에 여섯 개, 아래에 네 개—작은 어금니premolar가 있고, 양턱의 뒤쪽에 있는 어금니 두 개가 그 뒤를 잇는다. 위턱의 양옆에 있는 마지막 작은 어금니와 아래턱의 어금니는 열육치carnassial teeth 두 쌍으로 특별히 진화했다. 서로 마주보고 움직이는 이 이빨들은 전지가위처럼 작용하면서 고기를 삼키기에 적합한 작은 조각들로 썰어 준다. 고양이가 씹지를 못하는 건 이빨들의 이런 변화, 그리고 수직 방향으로만 이루어지는 턱의 움직임 탓이다.

페르시안Persian 같은 일부 단두종(brachycephalic, "짧아진 머리"라는 뜻) 고양이는 턱이 특히 짧아져서 전돌증prognathism—위턱과 아래턱의 길이가 맞지 않는 질환으로, 오버바이트overbite나 언더바이트underbite의 원인이 된다—에 시달릴 수 있다. 일부 사례에서, 이 문제는 치과 질환과 식생활의 어려움의 원인이다.

고양이의 턱과 이빨

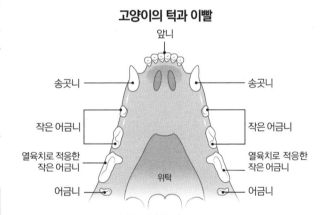

앞니
송곳니 / 송곳니
작은 어금니 / 작은 어금니
열육치로 적응한 작은 어금니 / 열육치로 적응한 작은 어금니
어금니 / 어금니
위턱

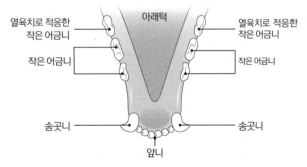

아래턱
열육치로 적응한 작은 어금니 / 열육치로 적응한 작은 어금니
작은 어금니 / 작은 어금니
송곳니 / 송곳니
앞니

식단과 이빨

전적으로 사냥감만 먹으면서 사는 야생고양이나 길고양이의 이빨은 잡은 고기의 살점을 썰고 뼈를 발라낼 때 자연스럽게 양치가 된다. 반면, 반려묘가 현대의 상업적 사료—특히, 부드러운 사료—로 구성된 식단을 먹는 동안에는 양치가 되지 않는다. 그래서 이런 고양이는 충치와 잇몸질환에 더 잘 걸릴 수 있다.

▶ 성묘의 위아래 턱에는 이빨이 30개 있다. 이에 비해 개의 이빨은 42개다. 고양이의 치아 구조는 먹잇감의 포획과 소비에 고도로 적절하도록 변화해, 쌍을 이룬 열육치로 효율적으로 먹잇감을 썬다.

발과 발톱

고양이는, 개와 다른 일부 동물과 더불어, 지행趾行동물로 알려져 있다. 발가락으로 걷는 동물이라는 뜻이다. 반면, 인간이나 곰은 척행蹠行동물이다. 즉, 발 전체를 땅에 접촉하며 걷는다는 뜻이다. 지행동물은 발과 땅이 접하는 부분이 작기 때문에 척행동물보다 더 조용하게 움직일 수 있고, 더 신속하게 속도를 붙여 전방으로 나아갈 수 있다. 빠르게 가속할 필요가 있는 사냥꾼에게 중요한 특징이다. 대부분의 고양이는 발가락이 뒷발 각각에 네 개씩 있고 앞발 각각에 다섯 개씩 있다. 각각의 발가락 끝에는 피부의 바깥층outer layer of skin을 형성하는 것과 똑같은 물질인 케라틴keratin 재질의 날카롭게 휜 발톱이 있다.

숨겨진 발톱

고양이의 휜 발톱은 피부sheath 안에 들어 있다. 그리고 고양이가 쉴 때는 그 안에 그렇게

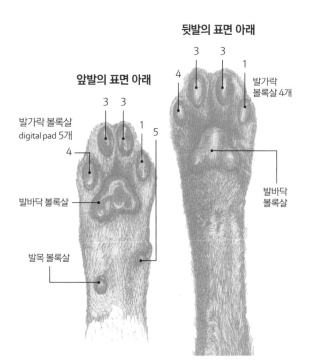

앞발의 표면 아래

발가락 볼록살
digital pad 5개

3 3
1
4   5

발바닥 볼록살

발목 볼록살

뒷발의 표면 아래

3   3
4   1

발가락
볼록살 4개

발바닥
볼록살

헤밍웨이 고양이

다지증多指症, polydactyly으로 알려진 유전질환 탓에 발가락이 평범한 18개보다 많은 고양이들이 일부 있다. 추가된 발가락은 앞발에 있는 게 일반적이다. 뒷발에 생길 수도 있지만, 앞발에도 발가락이 추가로 났을 경우에만 그러는 게 보통이다. 추가로 생긴 발가락의 모양은 다양할 수 있다. 생긴 게 다른 발가락과 비슷한 경우, 발이 그냥 더 커 보이기만 한다. 다른 경우에는 앞발의 "며느리발톱dew claw"이 거듭 생기는데, 그럴 경우 고양이는 엄지와 비슷해 보이는 발가락을 얻은 셈이 된다. 이 형질은 우성 유전자dominant gene 돌연변이에 의해 초래되기 때문에 다지증 고양이가 다지증이 없는 고양이와 짝짓기를 해서 태어난 후손의 절반가량이 이 형질을 물려받는다. 옛날에 뱃사람들이 발가락이 많은 고양이는 행운을 가져온다고 믿었던 것이 이 형질의 확산에 도움을 주었을 것이다. 그런 고양이는 이 형질을 보이는 고양이를 특히 좋아한 작가 어니스트 헤밍웨이Ernest Hemingway의 이름을 딴 "헤밍웨이 고양이"로도 알려져 있다.

후퇴시킬 수 있는 발톱

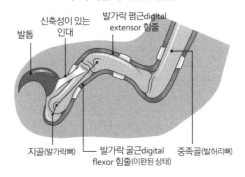

내민 발톱

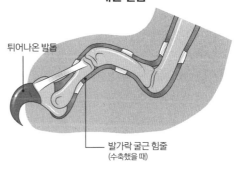

▲ 고양이의 발톱은 걸을 때는 피부 안에 들어가 있다. 그게 발톱을 보호하고 날카로운 상태를 유지하는 데 도움이 된다. 발톱의 바깥층은 주기적으로 떨어져 나간다. 고양이가 아래에 있는 더 날카로운 층을 드러내려고 표면을 긁을 때는 특히 더 그렇다.

움츠리고 있다. 그러는 게 이동하는 데 도움이 된다. 발톱은 마지막 발가락뼈에 부착된 힘줄에 의해 밖으로 나가거나 내밀려지고, 먹잇감을 붙드는 데, 그리고 높은 곳을 오를 때 디딜 곳을 얻는 데 활용된다. 발톱이 앞쪽으로 휜 것은 고양이가 나무를 탈 때는 엄청난 자산이지만, 나무에서 내려오고 싶을 때는 가치가 떨어진다. 그런 발톱 때문에 나무에서 내려오는 고양이가 상당한 시간을 미끄러져 내려오는 모습이 자주 연출된다. 고양이는 내려오려 애쓰다 마지막 단계에서 몸을 돌려 뛰어내린다. 발톱은 털이나 뿔, 손톱처럼 계속 자란다. 고양이는 발톱을 찍어 넣을 수 있는 표면을 만나면 그 표면을 긁는 걸 좋아한다. 부분적으로는 발톱의 닳아버린 바깥층을 제거하기 위해서다. "스트로핑(stropping, 발톱 갈기)"으로 알려진 이 행위는 발톱의 건강을 유지하는 데, 그리고 중요한 사회적 기능을 수행하는 데(83페이지를 보라) 중요하다.

▶ 고양이는 나무에서 꼼짝을 못하는 모습을 자주 보여준다. 엄청난 스피드와 민첩성으로 나무 꼭대기로 오르다가 그러는 게 보통이다. 그런데 발톱이 앞쪽으로 휘어 있기 때문에 땅으로 돌아오는 것은 오르는 것보다 더 어려운 일이다.

피부와 털 ⌒⌒

포유동물의 피부의 중요성은 과소평가하기 쉽다. 털에 덮인 고양이의 피부 같은 경우는 특히 더 그렇다. 사실 피부는 동물의 몸에서 제일 큰 장기organ로, 외부의 위험 요소에서 동물을 보호하고 건조한 상태를 유지해주며 체온 조절을 돕는다. 피부는 고양이의 건강과 생존에 핵심적인 역할을 수행한다. 털은 단열 기능을 수행하고, 야생고양이의 경우에는 위장偽裝 기능도 수행한다.

피부의 층들

바깥층outer layer─표피─은 주로 보호 기능을 수행한다. 방수가 되는 납작한 세포들이 이룬 층은 케라틴keratin 성분이다. 표피에는 피부에 색상을 부여하는 멜라닌melanin과 손상에 대응하는 면역세포도 들어 있다. 대체로 결합조직인 피부에는 혈관과 근육, 분비샘, 감각수용기와 관련 신경(58페이지를 보라), 모낭毛囊이 들어 있다. 이 층 아래에는 하피下皮, hypodermis가 있는데, 주요 성분이 지방인 하피는 충격을 흡수하고 단열 기능을 수행하며 체액을 제공하고 에너지를 저장한다.

털의 유형

고양이의 털가죽은 상이한 유형의 털로 구성된다. 톱코트top coat가 건조하게 유지되는 것을 돕는 주요 가드헤어guard hair, 그리고 (주로 온기를 유지하는 역할을 하는) 부드러운 다운헤어down hair와 약간 빳빳한 까끄라기털awn hair을 포함한 부차적인 털로 구성된 언더코트undercoat. 대부분의 고양이는 이 세 유형이 조합된 털을 갖고 있지만, 인간이 선택적으로 번식시킨 품종들이 늘어나면서 일부 품종은 한 유형의 털이 없거나 변형되었다. 예를 들

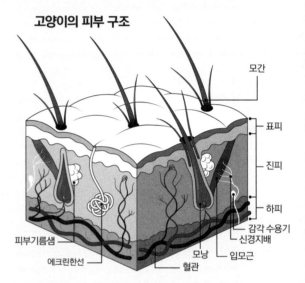

고양이의 피부 구조

모간

표피

진피

하피

감각 수용기
신경지배

입모근

피부기름샘

에크린한선

모낭

혈관

▲ 고양이의 피부는 발볼록살과 코, 입술, 항문과 생식기 부위, 젖꼭지를 제외한 거의 전역이 털로 덮여 있다.

스크러핑

고양이의 피부는 고양이의 골격 위에 매우 헐렁하게 걸쳐져 있다. 그래서 어미고양이는 새끼고양이들의 목덜미에 있는 피부를 입으로 무척 부드럽게 물어 올리는 "스크러핑scruffing"을 할 수 있다. 그렇게 들어 올려진 새끼고양이는 어미가 다시 땅에 내려놓을 때까지 축 늘어진 채로 몽롱한 상태가 된다. 스크러핑은 고양이만 하는 행동이 아니다. 쥐와 개를 비롯한 일부 다른 포유동물도 가끔씩 이런 방식으로 어린 개체를 옮긴다. 수컷이 교미 중에 스크러핑을 할 수도 있다. 수컷이 암컷의 목덜미를 물면 암컷은 수컷이 자신을 올라탄 동안 꼼짝하지 못한다.

어 코니시 렉스Cornish Rex의 곱슬곱슬한 털은 까끄라기털과 다운헤어로만 구성된 반면, 페르시안은 특히 긴 가드헤어와 다운헤어만 있다. 다양한 지역에서 상이한 길이의 털이 자연적으로 발달해 왔다. 노르웨이 숲고양이Norwegian Forest Cat는 북쪽에 있는 서식지의 추위를 막아 주는 굵은 털, 그리고 털이 촘촘하게 덮인 발과 귀로 유명한 반면, 더 따스한 기후에서 생겨난 동양의 품종들은 전형적으로 털이 무척 짧다.

분비샘

피부의 모낭은 혈관과 신경, 다양한 분비샘의 도움을 받는다. 피부기름샘(피지샘, sebaceous gland)은 털에 내수성耐水性을 부여하고 털을 윤기 나게 만들어주는 피지皮脂를 분비한다. 고양이는 그루밍grooming에 많은 시간을 쏟는다. 피부를 핥으면 피지를 털 곳곳에 바르는 데 도움이 된다. 피부기름샘의 더 크고 전문화된 버전들이 신체의 특수한 부위들에 집중되어 있는데, 사회적 커뮤니케이션에 핵심적인 냄새나 페로몬을 퍼트리기 위해서 그런 것으로 판단된다(83페이지를 보라). 일부 건강한 수컷들은 "꼬리샘증후군stud tail"이라는 질병에 걸린다. 꼬리가 시작되는 부위 근처의 피부기름샘의 활동이 과도한 바람에 그 주위에 특히 기름기가 많아지는 질병이다.

체온 조절

땀샘sweat gland은 모낭하고도 관련이 있다. 털이 굉장히 많은 고양이의 땀샘은, 인간과 달리, 고양이의 몸을 식혀 주지 못한다. 고양이는 날이 더우면 때때로 숨을 헐떡거리지만pant, 이건 상대적으로 비효율적인 행위다. 대신, 털을 핥는 게 침이 증발하면서 몸을 식혀주기 때문에 도움을 준다. 더불어, 고양이는 털이 없는 발볼록살에 특별한 땀샘이 있어서 땀이 증발하는 동안 몸을 식힐 수 있게 해준다. 추운 기후에서는, 가드헤어 가닥의 시작 부위 근육이 수축한다. 그래서 털이 부풀어 오르면 공기가 간혀 단열층이 생긴다. 이와 동일한 근육이 고양이가 겁에 질렸을 때 나타나는, 평소보다 훨씬 덩치가 커 보이게 만드는 "핼러윈 고양이Halloween cat" 모습을 낳는다(50페이지를 보라).

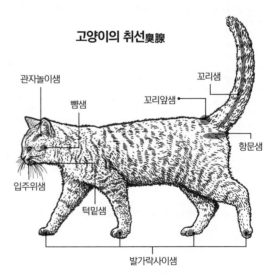

고양이의 취선臭腺

관자놀이샘
뺨샘
입주위샘
턱밑샘
꼬리샘
꼬리앞샘
항문샘
발가락사이샘

▶ 고양이의 얼굴과 꼬리 주위의 분비샘에서 나온 분비물은 고양이들끼리, 또는 사람과, 또는 물체에 몸을 비빌 때 거기에 묻는다. 비슷하게, 고양이가 발톱으로 표면을 긁을 때도 발가락 사이에 있는 분비샘에서 나온 냄새가 묻는다.

생리작용

항상성homeostasis으로 알려진 균형 잡힌 체내 환경을 꾸준히 유지하기 위해, 고양이의 다양한 생리적 과정이 함께 작동한다. 고양이의 순환계와 호흡계, 신경계는 대체로 포유동물의 일반적인 구성을 따르지만, 사냥꾼이면서 절대 육식동물이라는 고양이의 특유한 요건을 반영한 차이점도 몇 가지 있다.

심혈관 순환

고양이의 심장은 체내 곳곳에 혈액 약 300밀리리터ml를 펌프질하고, 인간이 휴식을 취할 때 박동 속도보다 두 배 정도 빨리 뛴다(분당 140회부터 180회). 초육식동물인 고양이는 지방을 대단히 효율적으로 소화하도록 진화되었기 때문에 고양이의 심혈관계는 지방축적의 위험에서 상대적으로 자유롭다. 하지만 일부 고양이는, 특히 족보가 있는 품종은 심장근육의 벽이 두꺼워지고 심장 기능이 저하되는 질환인 심근비대증hypertrophic cardiomyopathy에 걸리기 쉽다. 오늘날에는 이런 질환이 특히 만연한 일부 품종을 위한 유전자 검사가 가능해서, 이런 문제가 한 세대에서 다음 세대로 이어지는 걸 피할 수 있다.

호흡

고양이의 정상적인 호흡수는 얼마나 느긋한 상태냐에 따라 분당 약 20회에서 30회 사이다(이에 비해 인간은 분당 10회에서 12회에 불과하다). 호흡수는 덥거나 격렬한 활동을 할 때 늘어난다. 스트레스를 받

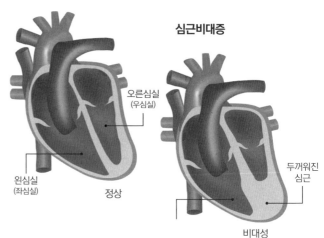

심근비대증

오른심실
(우심실)

왼심실
(좌심실)

정상

두꺼워진
심근

비대성

▲ 심근비대증에 걸리면 심실 벽이 두꺼워지면서 심장의 효율에 영향을 준다. 위쪽 사진의 메인 쿤Maine Coon 같은 특정 품종은 이 질병에 걸리기 쉽다.

은 고양이는 헐떡거리기 시작할 수도 있다. 개와 달리, 고양이는 더위도 헐떡거리는 경향이 덜하다. 특히 더운 날씨에, 또는 뜀박질을 하거나 흥분해서 뛰놀 때 잠시 동안 헐떡거리는 모습이 목격되긴 하지만 말이다. 헐떡거리는 기간이 길어지는 건 의학적인 문제가 있다는 징후인 게 보통이다.

뇌

구조적으로 보면, 고양이의 뇌는 포유동물 대부분의 뇌와 비슷하다. 다른 육식동물들과 마찬가지로, 고양이의 대뇌피질cerebral cortex의 특정 영역들은, 특히 감각(특히 청각과 시각) 정보의 처리와 관련된 부위들은 무척 잘 발달되어 있다. 고양이의 후각구嗅覺球, olfactory bulb는 크다. 일상생활을 후각(냄새)에 많이 의존하는 개와 같은 식육목에 속한 다른 종의 그것만큼 크지는 않지만 말이다. 뇌에서 운동과 균형을 조율하는 기능을 담당하는 영역인 소뇌cerebellum의 경우, 고양이는 특히 커져 있다. 높은 곳에 오르고 점프하고 뛰어다니는 포식성 육식동물에게 정확한 운동 조정 능력이 중요하다는 걸 반영한 결과다. 흥미로운 건, 집고양이의 뇌는 야생 친척들의 그것보다 25퍼센트 작다는 것이다. 이건 길들여진 종들이 공통으로 보여주는 특징이다.

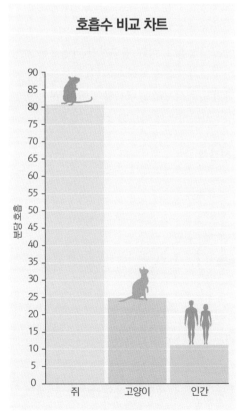

호흡수 비교 차트

분당 호흡

90
85
80
75
70
65
60
55
50
45
40
35
30
25
20
15
10
5
0

쥐　　　고양이　　　인간

▼ 고양이는 무척 덥거나 격한 운동을 한 후에 잠깐 헐떡거릴 수 있지만, 헐떡거리는 건 스트레스나 질병의 징후일 수도 있다.

중추신경계

중추신경계CNS, central nervous system는 뇌와 척수로 구성되어 있고, 여기에서 갈라져 나온 신경섬유가 말초신경계PNS, peripheral nervous system로 알려진 몸의 나머지 부분에 봉사한다. 고양이는 PNS의 일부를 의식적으로 통제하는데, 그 통제는 비좁은 울타리 위로 점프하고 먹잇감에 슬며시 접근하는 데 필요한 인상적인 운동 솜씨를 발휘하는 데 도움을 준다.

위기 상황에서 신경계는 어떻게 도움을 주나

고양이의 몸은 심장박동과 호흡의 유지처럼 고양이가 거의 알지 못하고 자율

투쟁 또는 도피

고양이가 스트레스를 받거나 위협받을 때, 자기도 모르게 "투쟁 또는 도피fight or flight" 또는 급성 스트레스 반응이 촉발된다. 아드레날린의 급작스러운 분출은 심장박동수를 급격히 증가시키고 동공을 팽창시키며 고양이의 근육에 보내지는 혈류를 늘린다. 고양이는 털끝을 세우고 행동에 들어갈 준비를 한다. 개체에 따라, 그리고 상황에 따라, 일부 고양이에게 이건 되도록 빨리 도망친다는 것(도피)을 뜻한다. 다른 고양이는 입지를 고수하면서 맞서 투쟁할 것이다. 한편, 세 번째 대안인 "얼어붙음freeze"이 발동되어, 위기가 끝날 때까지 꼼짝도 않고 누워 있는 전술을 택하는 고양이도 일부 있다.

적인 통제 능력이 전혀 없는 숱하게 많은 체내 기능도 수행한다. 이런 필수적인 과정들은 고양이의 자율신경계autonomous nervous system의 교감신경과 부교감신경에 의해 통제된다. 고양이가 차분하고 느긋할 때, 부교감신경은 체내의 생리학적 과정들을 서서히 진행시킬 것이다. 하지만 고양이가 스트레스를 받거나 위협을 받으면 교감신경이 작동하면서 아드레날린을 만들어내라며

고양이의 중추신경계

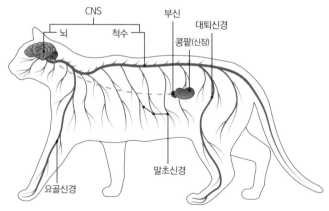

▲ 신경계는 고양이가 처한 환경에 일어난 변화를 감지하고 대응하기 위해 내분비기관과 상호작용한다. 예를 들어, 위협을 감지한 뇌는 아드레날린을 만들기 위해 부신을 자극해서 신속한 반응을 보일 준비를 시킨다.

▶ 고양이는 잠자리로 따뜻한 곳을 찾는다. 많은 고양이가 애호하는 침대나 의자, 창턱을 갖고 있고, 날마다 그곳에 가서 짧은 선잠을 잔다.

뇌를 통해 부신副腎을 자극하고, 그러면서 "투쟁 또는 도피" 반응(상자를 보라)이 촉발된다. 위기가 끝나면, 몸은 부교감신경의 통제를 받는 상태로 돌아간다.

면역계

바이러스와 박테리아, 기타 병원균이 날마다 고양이의 건강을 위협한다. 다행히도, 고양이는 인간을 비롯한 다른 포유동물들처럼 체내 곳곳에 광범위하게 퍼져 있는 림프계lymphatic system와 혈류에서 발견되는 백혈구leukocyte를 비롯한 면역계를 갖고 있다. 그럼에도, 고양이는 인간도 걸리는 것과 동일한 많은 질환에 걸리기 쉽다. 예를 들어, 고양이의 면역계가 주위 환경에 있는 촉발 요인에 민감해지면 알레르기가 생길 수 있다. 이런 촉발 요인, 또는 알레르기 유발 항원allergen에는 꽃가루, 벼룩, 상이한 식품들(65페이지를 보라)이 포함된다. 이 항원들은 재채기와 천식, 가려움, 소화불량 등의 많은 증상을 일으킬 수 있다. 일부 심각한 감염은 고양이의 면역계를 약화시키고 영구 손상을 입혀 고양이가 이후의 질병에 쉽게 걸리게 만든다. 여기에는 고양이면역결핍바이러스FIV, feline immunodeficiency virus와 고양이백혈병바이러스FeLV, feline leukemia virus가 여기에 포함된다.

수면

수면은 건강한 신체기능 유지에 중요한 과정이다. 고양이는 생애의 약 70퍼센트가량을 자면서 보낸다. 그런데 주방에서 음식을 준비할 때 "자고 있던" 고양이가 보이는 반응을 통해 고양이가 수면시간의 상당 부분은 얕은 잠을 자고 있을 뿐이라는 걸 알게 될 것이다. 인간처럼, 고양이는 몸이 자극에 예민한 채로 남아 있는 아주 얕은 잠부터 급속안구운동(REM 수면)이 특징이고 사지가 완전히 늘어진 상태인 숙면까지 다양한 종류의 수면을 경험한다. 차이점은, 고양이의 수면 패턴은 융통성이 더 크다는 것이다. 고양이는 인간에게 전형적인 장시간의 수면을 취하는 대신, 낮과 밤 내내 선잠을 자는 걸 선호한다.

◀벼룩알레르기가 있는 고양이는 피부에 생기는 극단적인 자극에 시달릴 것이다. 그런 상황이 되면 꾸준히 긁적거리면서 그루밍하게 되고, 때로는 탈모도 생길 것이다. 따라서 고양이에게는 1년 내내 벼룩 예방약을 처방해야 한다.

시각

해부학적으로 볼 때, 고양이의 눈은 우리의 눈과 공통점이 많다. 그런데 고양이는 세상을 우리가 보는 것과 살짝 다르게 보는 쪽으로 적응하기도 했다. 인간은 고양이보다 세상을 더 자세하게 보고 색깔도 더 잘 구분하지만, 어두운 환경에서 볼 수 있는 고양이의 능력은 인간보다 월등히 뛰어나다.

고양이는 어떻게 밤에도 볼 수 있나

고양이는 박명박모성薄明薄暮性, crepuscular 동물이다. 고양이는 그들의 많은 피식종이 활발하게 활동하는 때인 황혼이나 새벽에 제일 활발하다는 뜻이다. 고양이의 눈은 빛이 약한 이 시간대에 눈에 들어오는 광량光量을 최대화하는 걸 돕는 쪽으로 변했다. 포유동물의 눈 뒤쪽에 있는 조직인 망막에는 빛을 감지하는 두 가지 유형의 세포가 있다. 흑백만 감지하지만 극도로 낮은 수준의 빛에도 반응하는 빛 수용기photoreceptor인 간상rod세포, 그리고 색깔에 예민하지만 밝은 빛에서만 작동하는 빛 수용기인 원추cone세포. 고양이의 눈에는 간상세포가 인간의 그것보다 거의 세 배 많다. 이것이 고양이가 약한 빛에서도 세상을 보는 데 더 잘 적응하는 이유다. 그에 대한 대가는, 그들의 눈에는 주간시day vision와 색깔 인지에 필요한 원추세포가 훨씬 적다는 것이다. 인간의 시각은 3원색을 구별할 수 있다trichromatic고 묘사된다. 우리의 망막에는 파랑과 노랑, 빨강을 인지하는 원추세포가 있기 때문이다. 반면, 고양이한테는 빨강을 인지하는 원추세포가 부족하고, 그래서 두 가지 색을 구별할 수 있다dichromatic고 묘사된다. 따라서 고양이는 한때 사람들이 생각했던 것처럼 색맹은 아니지만, 인간하고는 다른 색상으로 세계를 보고 있다.

고양이의 눈

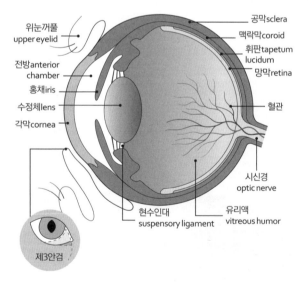

위눈꺼풀 upper eyelid
전방anterior chamber
홍채iris
수정체lens
각막cornea
공막sclera
맥락막coroid
휘판tapetum lucidum
망막retina
혈관
시신경 optic nerve
현수인대 suspensory ligament
유리액 vitreous humor
제3안검

▲ 고양이의 눈은 인간의 눈과 구조적으로 비슷하지만, 먹잇감이 가장 활발하게 활동하는 시기인 빛이 약할 때 더 잘 볼 수 있도록 적응했다.

인간의 눈과 비교하면, 고양이의 눈에 있는 모든 신경은 더 많은 간상세포와 원추세포에 연결되어 있다. 그래서 빛이 약한 환경에서도 한층 더 민감하다. 세 번째 적응은 고양이의 눈 뒤쪽에 있는, 휘판tapetum lucidum으로 알려진, 거울과 비슷한 특별한 세포층이다. 휘판은 빛을 눈으로 반사시켜 간상세포와 원추세포가 빛을 더 많이 흡수할 수 있게 해주고, 눈이 "어둠 속에서도 빛나게" 해준다.

눈동자

고양이는 눈동자를 인간의 그것보다 더 활짝 열 수 있다. 이것이 어둑한 환경에 들어가서도 더 많은 빛을 받아들이게 해주는 또 다른 메커니즘이다. 고양이의 눈동자는 밝은 빛으로부터 망막을 보호하기 위해 크기가 줄어든다. 집고양이는 눈동자를 다른 일부 포유동물에서 볼 수 있는 더 친숙한 작은 동그라미 형태가 아니라 길고 가느다란 형태로 좁힌다. 흥미로운 건, 호랑이와 사자 같은 일부 야생고양이 종은 눈동자가 동그랗다는 것이다. 이 대형 고양이 종들은 황혼과 새벽에 사냥을 하지만, 먹잇감이 활동하고 있다면 낮에도 사냥을 할 것이다. 동그란 눈동자는 밝은 환경에서 활발하게 사냥하는 포식자들의 시야를 더 좋게 만들어 주는 듯 보인다.

제3안검

조류와 파충류, 고양이를 비롯한 일부 포유동물은 안쪽 모서리에서 대각선 방향으로 눈을 가로질러 이동하면서 안구 표면의 윤활 상태를 유지해 주는 "제3안검third eyelid"–순막瞬膜, nictitating membrane을 갖고 있다. 이 막은 고양이의 바깥쪽 눈꺼풀이 열렸을 때 가끔씩 볼 수 있다. 고양이가 아프거나 잠기운을 주체못할 때는 부분적으로 닫힌 걸 볼 수 있다.

▲ 유명한 밤중에 "번뜩이는 눈eye shine"은 고양이의 망막에 있는 빛 수용기 세포들에게 활용 가능한 광량을 최대한 많이 전달하는 걸 돕는, 빛을 반사하는 휘판 때문에 생긴다.

▼ 길고 좁은 틈(빛이 밝고 고양이가 차분하고 느긋할 때)부터 (빛이 약하거나, 고양이가 스트레스를 받거나 겁에 질리거나 흥분했을 때) 한껏 팽창했을 때까지 다양한 팽창 정도를 보여주는 고양이의 눈동자들.

고양이가 보는 대상

멀리 있는 물체와 가까이 있는 물체 사이에서 초점을 옮기는 속도는 고양이가 인간보다 느리다. 고양이는 전방의 30센티미터 이내에 있는 물체에 초점을 맞추는 데 애를 먹는다. 무언가가 이렇게 가까이 있으면, 후각이나 고양이의 수염whisker을 통한 촉각 같은 다른 감각이 작동한다. 고양이는 이 영역에서 시각적 예리함은 인간보다 열등할지 몰라도, 움직이는 자극을 쫓는 데는 더 능숙하다. 고양이는 대상의 모양과 질감, 크기의 차이를 감지할 수도 있다. 그리고 무엇인가가 부분적으로 감춰졌는지 여부도 감지할 수 있다. 작은 바위 뒤에 숨으려 애쓰는 덩치 큰 피식동물에게는 흉한 소식이다. 전반적으로, 고양이의 가시범위field of vision는 200도 정도다. 성공적인 사냥에 필수적인 깊이 감각depth perception을 제공하는 양안시binocular vision는, 아래에 보이듯, 중앙의 90도와 100도 사이에서만 작동한다.

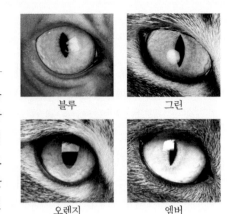

블루 　 그린

오렌지 　 엠버

▲ 고양이에게서 발견되는 핵심적인 눈 색깔의 일부. 다른 색깔에 비해 훨씬 덜 보이는 블루blue는 흰색이나 크림색에 암갈색 반점이 있는seal pointed 털 색깔과 자주 짝지어진다. 인간과 달리, 고양이의 눈이 무척 짙은 색인 경우는 없다.

눈 색깔

눈 색깔을 결정하는 것은 홍채 안에서 색소를 만들어내는 멜라닌세포melanocyte로, 멜라닌세포의 숫자와 활성 수준이 전체적인 눈 색깔을 좌우한다. 대부분의 야생고양이 좋은 눈동자가 헤이즐(hazel, 녹갈색)이거나 카퍼(copper, 구릿빛)인 반면, 집고양이의 눈 색깔은 블루와 그린, 오렌지, 옐로를 비롯한 훨씬 광범위한 색을 보여준다. 족보 있는 품종들에서는 강렬한 눈 색깔이 특히 널리 퍼져 있는데, 브리더들이 털 색깔을 보완하기 위해 선호하는 특정 눈 색깔을 개발하기 때문이다.

고양이의 가시범위

▼ 전방을 향한 고양이의 큰 눈은 양안시 시계를 최대화하는 위치에 자리하고 있고, 그래서 움직이는 먹잇감을 효율적으로 발견해서 쫓을 수 있다. 반면, 토끼 같은 피식동물은 어느 방향에서건 자신에게 다가오는 포식자들을 볼 수 있어야 한다. 측면에 위치한 그들의 눈은 대체로 단안시로 본 이미지만 제공하지만, 주위의 거의 360도 전체를 볼 수 있게 해준다.

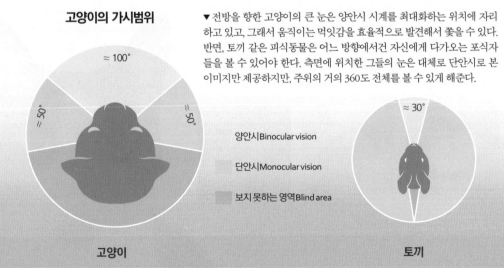

≈ 100°

≈ 50° 　 ≈ 50°

양안시Binocular vision

단안시Monocular vision

보지 못하는 영역Blind area

≈ 30°

고양이 　 토끼

▲ 일부 품종에서 이색증, 또는 "오드아이"는 열렬한 추구대상이다. 예를 들어, 오드아이 터키시 앙고라는 터키에서 국보 대우를 받는다. 터키에는 그런 고양이를 위한 브리딩 프로그램이 존재한다.

눈 색깔은 샴의 블루부터 버미즈Burmese의 골든golden/카퍼까지 품종마다 무척 다양하다. 두 품종을 교배한 잡종인 통키니즈Tonkinese의 눈 색깔은 원래 품종들 각각의 눈 색깔 사이의 중간 쯤—독특한 아쿠아마린(aquamarine, 연한 청록색)—인 경우가 잦다.

눈동자가 파랗고 털이 흰색인 고양이는 청각 장애인 경우가 흔하다(57페이지를 보라). 멜라닌 세포가 없거나, 갓 태어난 새끼에서 그렇듯이 멜라닌세포가 활성화되지 않으면, 눈은 파란색으로 보일 것이다. 그러다가 새끼고양이가 성장하면 멜라닌세포가 색소를 생산하기 시작하고, 눈은 생후 6주쯤에 성묘의 색깔로 변하기 시작한다.

일부 고양이는 오드아이odd eyes다. "이색증異色症, heterochromia"으로 알려진 문제로, 한쪽 눈은 블루이고, 다른 쪽 눈은 옐로나 그린, 앰버(amber, 호박색)인 경우가 보통이다. 이런 문제는 털이 흰색인 고양이에게서, 또는 터키시 밴Turkish Van과 터키시 앙고라Turkish Angora, 페르시안을 비롯한 털에 흰색이 많은 고양이에게서 제일 빈번하게 목격된다. 하나의 홍채에 두 가지 색깔이 생기는 이색성二色性, dichromatic 눈이나 "파이조각 눈pie-slice eyes"으로 알려진 문제도 가끔씩 목격된다.

눈의 생김새

고양이 브리딩이 발달함에 따라 눈의 모양도 전통적인 야생고양이의 오벌(oval, 타원형) 모양부터 발리네즈Balinese 같은 동양 품종에서 보이는 두드러질 정도로 많이 기울어진 아몬드almond 모양까지, 그리고 다른 품종들—예를 들어, 샤트룩스Chartreux나 페르시안—의 라운드round 모양까지 달라졌다.

▼ 족보 있는 품종들의 품종 기준에는 특정한 눈 모양도 지정돼있는데, 눈의 모양은 그런 품종들에만 국한되지 않고 집고양이의 모든 유형에서 어마어마하게 다양하다.

라운드   아몬드   슬랜티드Slanted   오벌

청각 ✑

고양이의 가청범위hearing range는 두드러질 정도로 넓다. 많은 종이 (예를 들어 코끼리처럼) 저음역대의 소리나 극도로 고음역대의 소리를 들을 수 있는 능력을 진화시켰지만, 고양이는—다른 종에 결코 뒤지지 않는 능력으로—양쪽을 다 할 수 있다. 고양이는 60~65킬로헤르츠kHz의 고음역대의 초음파소리를 들을 수 있어서 고주파 소리를 내는 쥐 같은 피식동물을 감지할 수 있고, 이런 능력은 어미고양이가 새끼고양이가 내는 울음소리를 듣는 데 도움을 준다. 가청범위의 다른 쪽 끝에 있는 45헤르츠 아래 범위에서, 고양이는 저음역대의 사람 목소리를 비롯한, 인간이 듣는 것과 비슷한 소리를 들을 수 있다. 이 특징은 고양이의 순치에 도움을 주었을 것이다. 이렇게 인상적인 가청범위와는 별개로, 고양이의 청각은 극도로 예민하기도 하다. 인간과 비교하면, 고양이는 새나쥐가 바스락거리는 엄청나게 작은 소리도 들을 수 있고—사냥을 돕는 또 다른 유용한 능력이다—먼 거리에서 나는 소리도 들을 수 있다.

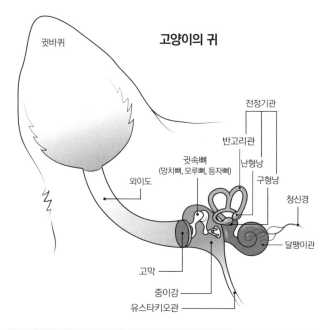

고양이의 귀

귓바퀴
전정기관
반고리관
귓속뼈
(망치뼈, 모루뼈, 등자뼈)
난형낭
구형낭
외이도
청신경
달팽이관
고막
중이강
유스타키오관

고양이는 어떻게 듣나

귀의 외부에 있는 부분(귓바퀴)에 처음으로 포착된 소리의 진동은 이도耳道, auditory canal를 따라 내려가 고막tympanum으로 간다. 고막은 세 개의 작은 뼈,

▶ 고양이의 가청범위가 놀라운 수준인 건 부분적으로는 귀를 효과적으로 회전시키는 능력 덕분이다. 몇몇 품종을 제외하면, 이 능력은 선택적 번식의 영향을 크게 받지 않았다.

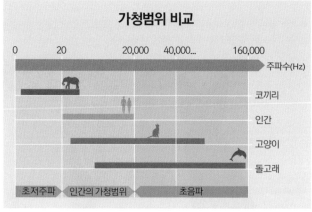

가청범위 비교

0   20   20,000 40,000...   160,000

주파수(Hz)

코끼리
인간
고양이
돌고래

초저주파 | 인간의 가청범위 | 초음파

즉 귓속뼈를 통해 액체가 가득 찬, 다양한 고저의 소리를 감지하는 별도의 영역인 달팽이관cochlea으로 진동을 전달한다. 그러면 달팽이관은 청신경을 통해 신호를 뇌에 보낸다.

먹잇감 찾기

먹잇감이 내는 소리를 듣는 능력을 갖는 것도 중요하지만, 고양이는 소리의 출처를 찾아낼 필요도 있다. 고양이의 귓바퀴에는 소리의 진동을 감지하고 증폭시키는 기능이 있는데, 고양이는 귀로 들어오는 소리를 포착하기 위해 귓바퀴를 180도라는 인상적인 범위까지 돌릴 수 있다. 고양이는 귀로 들어오는 다양한 수준의 소리 정보를 분석해 소리의 출처를 매우 효과적으로 찾아낸다. 고양이는 90센티미터 떨어진 거리에서도 8센티미터 떨어진 출처들에서 나는 별개의 소리들을 구분할 수 있다.

청각장애

다른 종들과 마찬가지로, 일부 고양이는 청각장애를 안고 태어나거나 사는 동안 양쪽 귀 모두, 또는 한쪽 귀의 청력을 잃는다. 한쪽 귀의 청력을 잃은 고양이는 소리의 출처를 찾아내려 기를 쓰는데, 머리를 다르게 움직이고 약간의 조정을 하면서 어느 정도 적응하는 법을 터득하는 게 보통이다. 눈이 파란 흰색 고양이는 청력을 잃은 채로 태어날 확률이 특히 높다. 흰색 털과 파란 눈을 담당하는 유전적 돌연변이가 귀 내부의 이상도 초래하기 때문이다. 한쪽 눈은 파랗고 다른 눈은 다른 색깔인 흰색 고양이가 가끔 태어나는데, 이런 고양이는 파란 눈이 있는 쪽의 귀에 장애가 있는 게 보통이다.

청각장애 고양이는 다른 감각들을 더 많이 활용해서 청력의 부재를 보완하는 법을 배울 것이다. 알려진 바에 따르면, 이런 고양이는 발을 통해 전해지는 진동에 대단히 민감해진다. 하지만 이런 고양이는 실내에서 길러야 한다. 실외에서 발생하는 위험한 상황에 취약할 것이기 때문이다. (실내에서 생활하는 고양이의 생활을 풍부화하는 방법은 142페이지를 보라.)

▼고양이는 빛이 아주 약한 환경에서도 먹잇감의 위치를 찾을 수 있다. 어느 정도는 시각을 활용하지만, 대개는 극도로 민감한 청력을 활용해 소리를 추적하는 것으로 그렇게 한다.

촉각

묘주는 표면이 뜨거워질 수 있는 곳을 신경 써서 살펴야 한다. 고양이가 지나치게 뜨겁다는 걸 느끼지 못한 채로 그 위를 걸을 수 있기 때문이다.

고양이는 촉각이 고도로 발달했다. 몸 전역에 분포된 인상적인 수용기receptor 덕인데, 이 수용기들은 추위와 열기, 통증, 압력에 대한 정보를 제공하는 역할을 수행한다. 이런 촉각 수용기는 고양이의 피부에서 털이 제일 적은 부위에 제일 집중된 편이다. 코와 발볼록살이 특히 그렇다. 대부분의 고양이는 발볼록살을 쓰다듬는 걸 싫어한다. 무척 예민한 부위이기 때문이다. 특히 발볼록살에 있는 파치니 소체Pacinian corpuscle라는 감각 수용기는 압력에 반응한다. 새로운 표면을 탐구하거나 먹잇감이나 장난감을 다룰 때 유용하다. 코의 볼록한 부위에도 비슷한 감각 수용기가 존재한다.

온도 수용기

고양이는 열 수용기(thermoreceptor, 온도와 온도 변화를 감지한다)와 통각 수용기(nociceptor, 통증을 느끼게 해주는 감각 수용기)가 피부 곳곳에 분포되어 있으면서도 뜨거운 물체를 접했을 때 통증을 느끼는 한계가 높다. 고양이는 피부의 온도가 섭씨 52도가 되기 전까지는 통증을 느끼지 못한다. 반면, 인간의 해당 온도는 섭씨 44도다. 따뜻한 곳을 무척 좋아하는 고양이는 때때로 지나치게 뜨거운 난로 위 같은 따뜻한 곳에 매료되고, 그 결과 화상을 입는다.

고양이의 수염

수염whisker 또는 코털vibrissae은—길고 굵으며
꽤 뻣뻣하고 끝으로 갈수록 가늘어지는—털
이 변형된 것으로, 고양이에게 제일 중요한 감
각기관에 속한다. 수염은 얼굴의 여러 부분과
앞다리의 뒤쪽에 다발로 나고, 공기의 흐름과
진동, 감촉에 예민하다.

수염 또는 코털—특히 입가에 난 것—은 고양이가 좁은
공간을 통과할 수 있게 도와준다.

제일 크고 제일 눈에 잘 띄는 건 입가에 난
수염으로, 윗입술 위에 코 양쪽으로 난 12개
쯤의 수염이 사람의 코밑수염처럼 달려 있다.
입가에 난 수염은 고양이가 좁거나 협소한 영
역에서 길을 찾는 걸 도와준다. 시각이 손상
된 고양이는 그런 상황에 처하면 머리를 이리
로 저리로 움직이면서 필요한 모든 정보를 수
염을 통해 얻을 것이다. 수염 자체에는 감각
수용기가 없지만, 수염의 뿌리는 피부 깊은 곳에 박혀있다(깊이가 보통 털의 세 배다). 민감한 촉각
수용기가 근처에 있는 물체와 관련된 수염의 움직임에 대한 상세한 정보를 그곳에서 받아 뇌에
전달한다. 수염은 물체에 의해 생긴 공기 흐름의 변화에 반응할 정도로 예민해서 고양이가 달리
거나 어둠 속에 있을 때 장애물을 피하는 데 도움을 주는 것으로 판단된다.

사냥하는 고양이가 먹잇감에 가까이 가면서 시각의 효율이 떨어질 경우, 고양이는 더 정확한
정보를 위해 다른 감각에 의존한다. 고양이는 먹잇감을 건드리기 위해 입가에 난 수염을 앞으로
휘두르고 얼굴 앞으로 수염을 펴면서 먹잇감 쪽으로 입을 가져간다.

새끼고양이의 수염

수염은 새끼고양이가 자궁에 있는 동안에—다
른 털보다 먼저—자란다. 새끼들은 태어나자마
자 길을 찾는 데 수염을 활용할 수 있다. 어미는
때때로 새끼고양이의 수염을 물어서 없애는 것
으로 알려져 있다. 그루밍을 지나치게 열심히 하
다가 그렇게 되는 듯하다. 한배에서 난 동기들끼
리 서로의 수염을 씹기도 한다. 다행히도, 원래
자리에서 새 수염이 다시 자란다.

후각 ✦

고양이는 뭔가 새로운 것에 접근할 때는 먼저 그것을 향해 킁킁거리며 냄새부터 맡는다. 고양이에게 후각은 극도로 중요하다. 후각의 중요성은 고양이의 뇌에 있는 후각구 olfcatory bulb의 크기와 비강 nasal cavity 내부를 덮은 후각점막의 표면영역─인간의 약 6.5제곱센티미터에 비해 최대 50제곱센티미터─에 반영되어 있다(아래 있는 도해를 보라). 고양이가 먹잇감을 사냥할 때 사용하는 주요한 감각은 시각과 청각이지만, 먹잇감을 먹기에 앞서 먹이를 확인할 때는 후각에 의존한다. 호흡기 감염 등의 몇 가지 이유로 냄새를 맡지 못하는 고양이는 식사를 거부하기도 한다.

고양이의 후각은 태어나면서부터 작동한다. 갓 태어난 새끼고양이는 앞을 보지 못한다. 그래서 후각을 이용해 어미의 젖꼭지를 찾는다. 새끼들은 특정한 젖꼭지에 대한 선호를 재빨리 발전시키고, 젖을 빨 때마다 그 젖꼭지로 돌아간다. 비슷하게, 보금자리에서 벗어난 새끼고양이는 후각을 이용해 돌아올 길을 찾는다. 고양이는 일반적인 커뮤니케이션을 위해서도 후각 단서에 심하게 의지하는데(82페이지를 보라), 이건 단독생활을 더 엄격하게 했던 조상들이 물려준 유산이다.

고양이의 후각 시스템

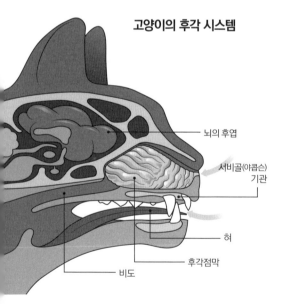

- 뇌의 후엽
- 서비골(야콥슨) 기관
- 혀
- 후각점막
- 비도

서비골 기관

고양이는 양서류와 파충류, 많은 포유동물 종과 마찬가지로 서비골 기관, 또는 야콥슨 기관 Jacobson's organ으로 알려진 제2의 후각기관을 갖고 있다. 귀와 입 양쪽에 이어진 이 구조는 위턱 앞니 바로 뒤에 있는 갈라진 틈을 통해 입천장에 위치한다. 서비골 기관은 사료나 먹잇감 같은 일반적인 냄새를 맡기보다는 다른 고양이의 소변 냄새나 몸을 비빈 자국, 성페로몬 같은 사회적 속성이 큰 냄새들을 조사하고 분석하는 데 활용된다. 그런 냄새를 조사하는 고양이는 입을 쩍 벌리고는 입천장에 있는 야콥슨 기관의 입구 쪽으

▲여기 있는 화살표 두 개에서 보이듯, 고양이는 두 방식으로 냄새를 경험할 수 있다. "평범한" 방식은 코를 통해 냄새를 들이마시는 것이다. 그러는 대신, 냄새를 "휘감아" 입천장에 있는 서비골 기관에 넣어서 냄새를 맡을 수도 있다.

특별한 냄새

고양이들이 번개처럼 도망가게 만드는 특정한 먹이의 냄새가 있다. 그럴 때 인간은 그렇게 하는 고양이의 심정을 이해하고 공감할 수 있다. 그런데 고양이에게서 놀라운 반응을 이끌어내는 냄새도 몇 개 있다. 제일 유명한 건 집고양이, 그리고 사자와 호랑이를 비롯한 일부 야생고양이 종들에서도 볼 수 있는 캣닙catnip 반응이다. 고양이에게 네페타 카타리아(Nepeta Cataria, 일반적으로는 캣닙이나 캣민트catmint로 알려져 있다)의 추출물, 또는 말린 잎이나 갓 딴 잎을 내놓으면 킁킁거리기, 몸 구르기, 얼굴 비비기, 씹기, 쫓아다니기, 울음소리 내기 같은 흥분에서 우러난 일련의 행동들이 연출된다. 게다가 많은 고양이가 플레멘 반응을 보이면서 몽롱한 황홀경에 빠진 듯한 모습을 보여줄 것이다. 이런 행동의 일부 요소들은 암컷이 하는 성적 행동과 비슷하지만, 이 반응은 성적인 기반에서 비롯된 것으로는 전혀 보이지 않는다. 그리고 수컷과 암컷 모두가, 중성화 수술을 했거나 하지 않은 고양이 모두가 이런 반응을 보인다. 하지만 모든 고양이가 유전된 반응처럼 캣닙에 반응하는 건 아니다. 집고양이의 3분의 2가 이 효과를 즐기는 듯 보인다.

로 냄새를 보내려고 냄새 윗부분을 "혀"로 감쌀 것이다. "플레멘flehmen"(독일어로 "윗니를 드러내다"는 뜻이다)으로 알려진 행동이다.

어떤 냄새에 "플레멘" 반응을 보여주는 고양이는 서비골 기관을 통해 냄새를 맡으면서 황홀경에 빠진 듯한 모습을 보여주기도 한다.

미각 ⌒

후각과 미각은 무척 밀접하게 연결되어 있다. 말 그대로 혀를 통해 냄새를 "맛보게" 해주는 서비골 기관을 가진 고양이를 비롯한 동물들에서는 특히 더 그렇다. 혀는 고양이의 맛봉오리 taste bud가 있는 곳이기도 하다. 혀 표면의 양옆과 끝부분을 따라 놓인 작은 버섯 모양 감각 돌기 sensory papillae와 혀의 뒷부분에 네 개에서 여섯 개 있는 컵 모양의 돌기에 다양한 맛의 수용기가 들어 있다.

달곰씁쓸한 진실

과학자들은 인간이 다섯 가지 상이한 맛—단맛, 신맛, 쓴맛, 짠맛, 감칠맛umami—을 감지하는 호사를 누리는 반면, 고양이는 특이하게도 단맛에 반응하지 못하는 맛봉오리를 갖고 있다는 걸 발견했다. 이건 고양이에게는 단맛을 인식하는 데 필요한 유전자 두 개

혀

고양이의 혀는 매우 중요한 도구다. 맛을 보는 일을 하는 혀는, 고양이한테 핥였던 사람이라면 잘 아는 것처럼, 숱하게 많은 미늘barb 같은 거친 돌기로 덮여 있다. 이 돌기들은 뒤쪽으로 뾰족하기 때문에 먹잇감의 뼈에서 마지막 살 한 점까지 발라내 목구멍으로 향하게 만드는 데에 완벽하고, 고양이의 엄격한, 종종은 지루한 자기 그루밍 시간에 사용하기에도 완벽하다. 연구 결과는 돌기의 끝부분이 숟가락 모양이고 침을 저장하는 소형 창고 역할을 할 수 있다는 걸 보여준다. 고양이는 그루밍을 하는 동안에 입에서 배출한 침을 털에 묻힌다.

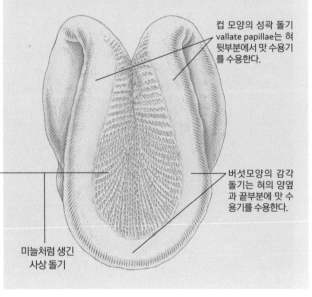

컵 모양의 성곽 돌기 vallate papillae는 혀 뒷부분에서 맛 수용기를 수용한다.

버섯모양의 감각 돌기는 혀의 양옆과 끝부분에 맛 수용기를 수용한다.

미늘처럼 생긴 사상 돌기

▲ 고양이의 근육으로 된 긴 혀는 움직임이 고도로 자유롭다. 혀는 꺼칠꺼칠한 그루밍 도구로 기능하는 한편으로, 다양한 맛 수용기를 담고 있는 곳이기도 하다.

중 한 개가 없고 다른 유전자 하나는 반응하지 않기 때문이다. 이건 고양이가 육류에 의지하면서 탄수화물을 필요로 하지 않는 식으로 진화해 왔기 때문일 것이다. 하지만 고양이는 다른 네 맛은 감지할 수 있다. 인간이 맛보는 맛에 비하면 쓴맛의 범위가 약간 좁고 다를 수 있지만 말이다. 고양이는 인간이 맛볼 수 없는 맛 최소한 하나를 맛볼 수 있다. 고양이에게는 살아있는 세포의 에너지원인 아데노신 3인산ATP, adenosine triphosphate을 감지하는 능력이 있는데, 이 물질은 자기가 지금 먹고 있는 것이 고기라는 것을 확인해 주는 신호를 고양이에게 보내는 것 같다.

맛 선호

어린 고양이와 새끼고양이는 관찰을 통한 학습을 빼어나게 잘한다. 그리고 먹이를 선택하고 특정한 맛에 대한 선호를 갖는 부분에서는 어미가 하는 행동을 따라하는 경향을 타고났다. 그 먹이가 어미가 보금자리로 가져오는 먹잇감이건, 집안에서 묘주가 제공하는 무척 맛 좋은 새끼고양이용 사료가 됐건 말이다. 어미 고양이가 맛 선호와 관련해서 후손에게 끼치는 영향은 자궁 안에서 처음 시작되는 것으로 판단된다. 새끼고양이는 양수羊水를 통해, 그 다음에는 어미의 젖을 통해 여러 맛에 노출된다. 이건, 새로운 맛을 제공받은 새끼고양이는 나이 든 고양이보다 그 맛을 더 선뜻 받아들이는 것으로 보인다는 말이다.

> **영양과 관련한 지혜**
>
> 2011년에 행해진 흥미로운 연구는, 영양분 구성과 맛이 다양한 세 가지 식단(생선, 토끼, 오렌지 맛)을 선택하게 할 경우, 집고양이는 처음에는 그들에게 제일 맛이 좋은 식단을 선택했다. 그런데 시간이 흐르면서, 고양이들은 식단에 함유된 단백질과 지방이 제일 효율적인 균형을 이룰 수 있도록 세 가지 먹이 섭취량의 비율을 조정했다. 이건 고양이가 먹이를 처음 먹었을 때 느껴지는 맛의 수준을 넘어서는 단서들에 반응할 수 있다는 걸 보여준다.

▶ 고양이는 자신들이 먹는 것에 대한 호기심이 선천적으로 많다. 그리고 고양이는 어떤 먹이가 됐건 먹이를 먼저 가늠해보기 위해 조심스레 킁킁거리며 냄새를 맡는다. 그러고 나서야, 그게 맛있어 보이면, 제공된 먹이를 맛본다.

영양과 수분 섭취

고양이는 초육식동물로 간주될 뿐 아니라, 절대 육식동물이기도 하다. 필요한 영양을 전적으로 육류에 의지한다는 뜻이다. 야생에서 고양이의 식단은 전적으로 먹잇감으로만 구성된다. 고양이는 필요한 영양분의 전량을 먹잇감에서 얻는다. 진화가 이루어지는 동안, 고양이는 필요할 경우 대안적인 비非육류 출처에서 필요한 영양분을 합성하는 (곰을 비롯한 일부 덜 특화된 육식동물 종이 계속 보유한) 능력을 잃었다. 그래서 고양이는 비타민A와 비타민D, 나이아신niacin 또는 아미노산 아르기닌arginine, 메티오닌methionine, 시스테인cysteine, 타우린taurine을 합성하지 못한다. 이런 영양분이 부족하면 심각한 건강 문제로 이어질 수 있다. 예를 들어, 타우린이 장기간 결핍되면 기력상실과 심장질환으로 이어질 수 있다. 다행히도, 오늘날에는 반려묘를 위한 굉장히 다양한 상업적 사료의 식단에 필요한 모든 영양분이 다 들어 있다.

고단백 식단

고양이는, 다른 포유동물들과 더불어, 신체 유지를 위해 식단에 단백질이 들어 있어야 한다. 하지만 고양이는, 탄수화물에서 에너지를 얻는 인간 같은 일부 포유동물과 달리, 단백질을 에너지원으로 활용하기도 한다. 그 결과 고양이는 단백질이 특히 많이—성묘成猫를 위한 식단의 최소 12퍼센트쯤—필요하다. 단백질 공급이 부족할 경우, 고양이는 신체 유지를 위해 단백질을 저장하지 못한다. 대신, 신체는 에너지를 얻으려고 단백질을 계속 분해하고, 그래서 고양이가 건강을 유지하려면 고단백 섭취가 필수적이다. 지방도 고양이의 천연 먹잇감 식단에서 큰 비중을 차지한다. 그래서 고

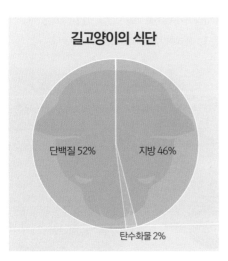

길고양이의 식단

단백질 52% 지방 46%

탄수화물 2%

▲ 사냥한 동물이나 날고기로 구성된 식단은 다량의 단백질을 필요로 하는 고양이의 요건을 충족시킨다. 고양이의 몸은 단백질과 함께 섭취하는 높은 수준의 지방을 효율적으로 대사시키도록 진화되었다.
▶ 오늘날의 상업적 고양이 사료는 영양분을 완비하고 있는 게 보통이지만, 고양이에게 필요한 것보다 훨씬 많은 탄수화물이 들어 있는 경우가 잦다. 그 결과로 고양이의 체중이 늘지 않도록 관심을 기울여야 한다.

양이는 지방을 효율적으로 대사하는 쪽으로 진화되었다. 모든 에너지를 단백질에서 얻는 고양이는 탄수화물이 거의 필요하지 않다. 많은 상업용 고양이 사료에 높은 비율의 탄수화물이 들어 있지만 말이다.

일부 유형의 식품과 음료는 고양이에게 위험하다. 양파와 마늘, 초콜릿, 포도와 건포도, 알코올, 카페인성 음료, 아보카도, 날생선, 날달걀이 여기에 포함된다. 우유와 유제품도 피해야 한다. 고양이는 락타아제 효소enzyme lactase 수준이 낮기 때문이다. 그래서 고양이는 락토오스가 함유된 먹이를 먹지 못한다. 특정한 식물들도 대단히 위험할 수 있다(145페이지를 보라).

수분 섭취

고양이는 놀랄 정도로 우아한 방식으로 수분을 섭취한다. 고양이는 혀를 물에 거의 담그지 않는다. 대신, 물을 마실 때 혀의 끝을 아래에서 말아 그 부분으로 수면을 부드럽게 건드린다. 혀를 위로 다시 당기면 물기둥이 입안으로 끌려오고, 그러고 나면 고양이는 입에 들어온 물기둥 꼭대기의 물을 먹기 위해 입을 다문다. 고양이는 삼키기에 충분한 양의 물이 입안에 들어올 때까지 매초마다 이런 일을 서너 번 반복한다. 그러는 동안 코나 수염에는 물이 거의 튀지 않는다.

수분 필요량

전적으로 먹잇감으로 구성된 식단에는 물 함유량이 많다. 야생고양이(특히 모래고양이 펠리스 마르가리타)는 물을 마실 필요 없이 먹잇감을 통해 얻은 수분만으로도 생존할 수 있다. 현대의 상업적 습식사료도 충분한 수분을 제공하고, 그래서 이런 사료를 먹는 반려묘가 물을 마시는 모습은 거의 목격되지 않는다. 하지만 반半습식이나 건식사료를 먹는 고양이는 꾸준히 물에 접근할 필요가 있다. 집고양이는 각각이 먹는 식단에 따라 몸무게 1킬로그램당 44~66밀리리터쯤 되는 물을 마셔야 한다.

▶ 고양이가 물을 마시는 습성은 대단히 독특하다. 물그릇이 사료그릇에 지나치게 가까이 있으면 많은 고양이가 물을 마시지 않을 것이고, 일부 고양이는 물이 떨어지는 수도꼭지나 분수식 식수대에서 물을 마시는 것을 즐기며, 일부는 고인 물보다는 흐르는 물을 선호한다.

부동액의 위험성

부동액(유독한 에틸렌글리콜이 들어 있다)은 겨울철에 고양이의 불필요한 죽음을 많이 초래하는 특별한 위험 요소다. 불행히도, 고양이는 부동액에 끌리는 듯 보인다. 맛 때문인지 혹한의 날씨에 실외에서 얻을 수 있는 유일하게 얼지 않은 액체인 경우가 잦다는 단순한 이유에서인지는 확실치 않다. 고양이는 차량에서 넘치거나 누출된 부동액을 마시거나, 부동액이 고인 웅덩이를 걸어서 지난 후 나중에 발에 묻은 그걸 핥는다. 부동액을 소량이라도 섭취하면 심각한 질병과 신부전kidney failure에 시달리게 된다.

유전학 ✦

유전자와 유전학에 대한 우리의 초창기 이해는 오스트리아의 수도사 그레고어 멘델Gregor Mendel, 1822~84의 연구에서 비롯되었다. 그는 콩을 교배하는 실험을 통해 두 개의 개체가 모양(그것들의 표현형phenotype이라고 부른다)은 비슷할지 몰라도, 그것들이 동일한 유전적 구성(유전자형genotype)을 공유하지는 않는다는 걸 발견했다. 이 발견은 보이는 형질이건 그렇지 않은 형질이건, 모든 형질trait이 유전되는 방식을 설명했다. 이후로 과학은 1950년대에 크릭과 왓슨Crick and Watson의 DNA 모델링부터 최근의 고양이 게놈 해독까지 유전 시스템의 상세한 작동방식을 밝혀냈다.

고양이의 형질은 어떻게 유전되나

모든 유기체가 가진 유전의 기본단위는 유전자gene로, 염색체에 들어 있는 유전물질DNA의 일부다. 염색체는 신체에 있는 세포 각각의 핵에서 발견되는, 팽팽하게 감긴 한 쌍의 실 같은 구조물이다. 고양이의 염색체는 19쌍으로, 전부 2만 개의 유전자 쌍이 상호작용해서 각각의 고양이를 한 마리의 개체로 만든다. 고양이가 번식할 때, 새끼고양이들은 각각의 부모에게서 모든 쌍마다 하나의 염색체, 그러니까 모든 유전자의 카피copy 하나를 물려받는다. (대립유전자allele로 알려진) 각 유전자의 상이한 변종variant이 존재하고, 부모에게서 물려받은 두 대립유전자의 조합은 어떤 유전자 형태가 새끼고양이에서 발현될 것인지를 결정한다.

새끼고양이가 어떤 유전자의 동일한 대립유전자 두 개를 물려받으면 그 형질이 "동형접합 homozygous"되었다고 묘사한다. 만약 두 개의 상이한 대립유전자를 물려받았다면 "이형접합 heterozygous"되었다고 묘사한다.

아비시니안 고양이는 인간도 역시 앓고 있는 망막색소변성증retinitis pigmentosa이라는 안구질환을 물려받기 쉽다. 현재, 이 질환을 일으키는 유전자는 게놈 연구 덕에 식별된 상태다.

암호 해제

고양이 게놈의 염기서열 분석은 2007년에 미주리 출신의 시나몬 Cinnamon이라는 네 살짜리 아비시니안Abyssinian 고양이의 DNA를 이용해서 부분적으로 달성되었다. 2014년에, 그리고 나중인 2017년에, 과학자들은 시나몬의 유전물질과 다른 고양이 두 마리에서 얻은 추가적인 DNA를 더 활용해서 고양이 게놈의 염기서열 분석에 착수했다. 유전학 분야의 이 거대한 행보는 고양이의 순치와 진화를 한층 더 자세히 연구할 수 있는 기회의 문을 열었을뿐더러, 인간이 시달리는 것과 비슷한 고양이의 유전질환 약 250개 정도에 대한 연구도 발전시켰다.

상동相同염색체

아버지의 염색체　어머니의 염색체

A 형질을 위한 동일한 대립유전자를 두 개 물려받은 이 고양이는 A 형질의 동형접합이다.

이 고양이는 부모 각각에서 상이한 대립유전자 두 개를 물려받았기 때문에 유전자 B에 의해 암호화된 형질의 경우 이형접합이다.

일부 대립유전자는 다른 대립유전자에 비해 우성dominant이다. 만약 어떤 우성 유전자가 나타나면, 쌍을 이룬 다른 대립유전자가 무엇이건 상관없이, 그 유전자가 대표하는 특징이 발현될 것이다. 간단한 사례는 고양이가 장모長毛나 단모短毛를 물려받는 것이다. 이 사례에서는 단모 대립유전자가 우성이다. 이 유전자의 열성 버전이 발현되려면 물려받은 두 대립유전자가 동일한 것이어야 한다.

▶ 상동염색체는 길이가 비슷하고 같은 위치에 유전자들이 있는 (부모 각각에서 하나씩 물려받은) 유전자 한 쌍이다. 상동염색체는 동일한 유전자 서열을 갖고 있지만, 그게 반드시 그 유전자의 동일한 대립유전자인 건 아니다.

보인자

어떤 형질이 이형접합인 고양이는 그 형질의 열성 형태의 보인자carrier로 불린다. 그 고양이는 열성 형질을 보여주지는 않지만, 그래도 여전히 그 유전자를 다음 세대에 물려줄 수 있다. 두 보인자가 모두 동일한 열성 유전자를 후손에게 물려줄 경우, 사례에서 보듯, 그 형질은 새끼고양이에서 발현된다. 이 사례에서 양쪽 다 장모 대립유전자의 보인자이면서도 단모인 부모는 장모 형질을 후손에게 물려줄 수 있다.

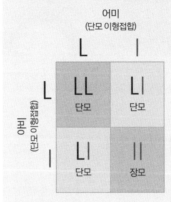

어미
(단모 이형접합)

	L	l
L	LL 단모	Ll 단모
l	Ll 단모	ll 장모

아비
(단모 이형접합)

L = 단모 형질의 우성 대립유전자

l = 장모 형질의 열성 대립유전자

LL = 동형접합 우성-이 고양이는 털이 짧을 것이다.

Ll = 이형접합-이 고양이는 털이 짧을 것이다.

ll = 동형접합 열성-이 고양이는 털이 길 것이다.

위에 소개한 퍼넷 스퀘어Punnett square로 알려진 이 도표는 장모 유전자의 유전을 보여준다. 이 표에서, 양친은 털이 짧으면서도 장모 대립유전자의 보인자다. 그래서 그들은 그 형질을 후손에게 물려줄 수 있다. 한 배에 새끼를 네 마리 낳으면, 평균적으로 그중 한 마리는 털이 길 것이다.

단모

장모

2014년에 고양이 게놈의 염기서열 분석을 통해, 연구자들은 버만Birman 품종의 흰색 미튼mitten 특징이 흰색 반점 유전자의 특정한 변이에서 기인한 것이라는 걸 발견했다.

유전자가 털 색깔/무늬에 끼치는 영향

집고양이의 조상으로 부드러운 털을 가진 펠리스 리비카 리비카가 보여주는 무늬는 딱 하나다. "매커럴" 또는 줄무늬. 줄무늬는 이 고양이가 서식하는 자연환경에서 사냥할 때 최상의 위장을 제공했을 것이다. 오늘날, 모든 집고양이가 여전히 태비 유전자를 갖고 있다. 심지어 그 고양이들의 외모에서 그런 유전자의 흔적이 전혀 보이지 않을 때도 그렇다. 유전자 변이와 자연선택, 인위적 번식(6장을 보라)을 통해, 요즘 고양이는 다양한 무늬와 색깔을 보여준다. 고양이 털가죽의 전반적인 모습은 많은 유전자가 결합해서 영향을 끼친 결과물인 게 보통이다. 이 암호들 중 일부는 상이한 색깔을 빚어내고, 다른 암호들은 고양이 전신의 색상 분포를 결정하면서 털의 줄기들이 상이한 무늬를 빚어내게 만든다. 다음의 몇 페이지는 이 유전자들 중 일부가 어떻게 상호작용해 오늘날 집고양이에서 볼 수 있는 숱하게 많은 털 색깔과 무늬 조합을 만들어내는지를 탐구한다.

▶ 해당 종에 전형적인 줄무늬 털이 난 아프리카들고양이.

털 색깔/무늬와 기저에 깔린 유전자

털의 색이 라일락인 브리티시 숏헤어 새끼고양이들. 이 고양이들의 희석유전자는 동형접합 열성일 것이다.

농도DENSITY/희석DILUTION

이 유전자는 털 색깔의 농도와 짙은 정도에 영향을 준다. 이 유전자의 동형접합 열성 형태(dd)가 생기면, 털 색깔은 더 짙은 색의 연하게 "희석된" 형태로 나타난다. 인기가 좋은 희석된 색상에는 블랙에 블루나 그레이gray, 레드에 크림cream, 브라운(초콜릿)에 라일락(lilac, 핑크빛이 도는 회색이나 회갈색), 시나몬(cinnamon, 밝은 갈색)에 폰(fawn, 엷은 황갈색)이 포함된다.

포인트 컬러레이션

포인트 컬러레이션Point coloration 또는 "포인티드pointed"는 고양이의 말단부위(얼굴, 꼬리, 음낭, 발)를 신체의 나머지 부분들보다 짙은 색으로 만들어 주는 형질이다. 히말라야Himalayan 유전자로 알려진 것에 의해 생겨나는 이 형질은 샴 품종에서 비롯된 후 현재는 랙돌과 브리티시 숏헤어 같은 많은 다른 품종에서도 나타나고 있다. 이 형질은 온도에 따라 발전한다. 신체의 차가운 부위에서 짙은 색상이 형성되는 것이다. 태어날 때 이런 모습이 아니었던 새끼고양이도 시간이 지나는 동안 말단의 색이 짙어진다.

▶ 이 타이Thai 고양이 성묘는 전형적인 실(seal, 암갈색) 포인트 컬러레이션을 보여준다. 말단부위들은 다른 색깔이나 무늬를 보여줄 수도 있다.

희석

블랙

블루

초콜릿

라일락

시나몬

폰

▲ 털 색깔의 희석이 더 보편적으로 목격되는 일부 고양이를 보여주는 도해. 브리더들이 색깔을 선택하는, 족보 있는 품종들에서 특히 심하다.

활성화된 아구티, 태비, 블랙 유전자

매커럴 태비	블로치드 태비	블랙
AA 또는 Aa TmTm 또는 Tmtb BB, Bb, 또는 bb	AA 또는 Aa tbtb BB, Bb, 또는 bb	TmTm 또는 Tmtb나 tbtb BB 또는 Bb
우성 아구티(A) 대립유전자가 태비 무늬의 발현을 허용한다. 이 경우는 우성 매커럴 태비 무늬다(Tm). 우성 아구티 대립유전자가 존재하기 때문에 블랙 대립유전자는 발현되지 않는다.	우성 아구티(A) 대립유전자가 태비 무늬의 발현을 허용한다. 태비 유전자의 동형접합 열성 형태(tbtb)가 블로치드 태비를 낳는다. 우성 아구티 대립유전자가 존재하기 때문에 블랙 대립유전자는 발현되지 않는다.	동형접합 형태 내에 아구티 유전자(a)의 열성 대립유전자가 존재하고, 그래서 우성 블랙 대립유전자(B)가 존재할 경우 발현된다.

▲ 생후 4주 된 이 블랙 새끼고양이는 다리와 몸통에 희미한 태비 줄무늬("유령 무늬")를 보여준다.
▶ 이 도표는 아구티와 태비, 블랙 유전자의 상호작용이 어떻게 상이한 털 색깔과 무늬를 낳는지를 보여준다.

아구티

이 유전자의 우성 형태는 고양이의 털가죽에 난 개개의 털 위에 연하고 짙은 색 줄무늬가 번갈아 생기게 만들고, 그래서 태비 무늬가 표현되게 해준다. 동형접합의 아구티 Agouti AA나 이형접합의 Aa는 늘 태비 무늬를 낳는다. 하지만 열성 형태(비非-아구티)가 두 개 겹친 aa에서, 털의 색은 각각의 털 줄기 전체가 단색單色이고, 그 결과 단색 고양이가 생긴다. 제일 보편적인 단색은 블랙이나 블루, 화이트다. 단색인 새끼고양이는 때때로 털가죽 전체에 "유령ghost" 무늬로 알려진 연한 태비 무늬를 보여주지만, 이 무늬는 나이를 먹는 동안 사라진다.

태비

아구티 털을 가진 고양이가 보여주는 무늬의 형태는 다양하다. 그리고 그 무늬는 별도의 태비 유전자가 결정한다. 우성 대립유전자 Tm을 하나나 두 개 가진 고양이는 고대의 조상인 펠리스 l. 리비카를 연상시키는 매커럴 태비 털가죽을 보여줄 것이다. 대신에, 열성 대립유전자 tb를 두 카피 가진 고양이는 블로치드(클래식) 태비 무늬를 보여줄 것이다. 때로 별도의 "스포티드spotted" 유전자의 존재 때문에 태비 줄무늬나 블로치드가 깨지는 경우가 있는데, 그 결과가 스포티드 태비다. 세 번째의 "틱드(ticked, 털 한 가닥에 여러 색깔이 밴드 형태를 이루며 나타나는 것-옮긴이)" 유전자가 발현되면 태비 무늬가 없어지면서 아비시니안 유형의 털이 생긴다.

블랙

블랙 유전자는 검정 색소인 유멜라닌eumelanin의 생산을 책임진다. 이것의 우

태비 고양이들은 특징적인 "M" 무늬도 이마에 보여준다.

모든 고양이가 태비 유전자를 갖고 있지만, 그게 발현되는지 여부는—그리고 어떤 형태를 띠는지는—다른 유전자와 하는 상호작용에 달려 있다.

성 대립유전자는 검정 털을 낳는다. 고양이가 그 유전자의 카피를 딱 하나만 갖고 있더라도 그렇다(이형접합). 열성 버전은 초콜릿을 낳고, 이외에 다른 결과물로 시나몬을 낳는다. 하지만 블랙 털가죽은 그 고양이가 태비 무늬가 나타나는 걸 막는 열성 비-아구티 유전자(맞은편 페이지를 보라)를 두 개 갖고 있을 때만 나타난다.

화이트/화이트 스포팅WHITE SPOTTING
KIT 유전자로 알려진 이 유전자에는 세 가지 대립유전자가 있다. 그중에서 "우성 흰색"이 존재할 경우, 다른 색깔과 무늬의 유전자를 깡그리 무시하거나 덮으면

활성화된 오렌지 유전자

오렌지 암컷	오렌지 수컷	토티 암컷
OO XX	O XY	Oo XX
반성 유전되는 오렌지 대립유전자 두 개를 가진 오렌지 암컷(OO).	반성 유전되는 오렌지 대립유전자 하나를 가진 오렌지 수컷(O).	반성 유전되는 오렌지 대립유전자 하나(O)와 비오렌지 하나(o)를 가진 토터셀 암컷.

▲ 이 도표는 오렌지 유전자의 상이한 조합이 암고양이와 수고양이에서 어떻게 발현되는지를 보여준다.

서 순백색 고양이가 태어난다. 그렇지 않으면, 하나나 두 개의 "화이트 스포팅white spotting" 대립유전자의 존재가 작은 반점부터 멋들어진 "턱시도(tuxedo, 배 또는 턱 부분만 하얀색인 경우-옮긴이)"에까지 이르는 다양한 흰색 조각들이 있는 고양이를 낳을 것이다. 두 개의 열성 버전은 흰색 털이 전혀 없는 고양이를 낳는다. 단색이나 태비 무늬에 흰색이 조합된 고양이는 "바이컬러(bicolor, 모든 컬러와 화이트가 함께 있는 컬러-옮긴이)"로 불린다.

오렌지(레드)

오렌지색 유전자에는 대립유전자가 두 개 있다. 오렌지색을 위한 O 코딩과 비오렌지색 털을 위한 o 코딩. 그리고 다른 털 색깔과 무늬 유전자하고는 다르게 작동한다. 이 유전자는 여성의 성염색체 X에 있다. 암컷은 두 카피(XX)를 갖고, 수컷은 하나만(XY) 가진다. 그래서 이 유전자는 반성 유전자sex-linked gene로 알려져 있다. 그러므로 수컷 고양이는 O 유전자를 한 카피만 물려받을 수 있다. 그럴 경우, 그 수컷의 털은 오렌지색일 것이다. X 염색체를 두 개 갖는 암컷은 이 유전자를 두 카피 물려받고, 그래서 동형접합 OO가 된다. 그런 경우, 그 고양이의 털색은 오렌지색이 될 것이다; 동형접합 oo(이 유전자의 비오렌지 대립유전자 두 개)의 경우는 오렌지색이 전혀 보이지 않을 것이다. 그리고 이형접합 조합인 Oo가 있다. 이형접합 조건의 다른 형질들과 달리, O는 오렌지색 단색의 암컷을 낳는 우성이 아니다. 대신, 오렌지색과 비오렌지색 대립유전자가 모두 털에 표현되고, 그 결과로 블랙 사이에 오렌지색이 배치된 색깔이 된다. 이런 고양이는 토터셀 또는 "토티tortie" 고양이로 알려져 있다. 오렌지 영역은 가끔씩 태비 무늬를 보여주고, 블랙 영역도 블랙 단색 대신 태비 무늬를 더 많이 보여줄 것이다. 이것이 "토비torbie" 고양이로 알려진 고양이의 특징이다. 암컷의 털에 오렌지와 블랙을 따라 다양한 양의 화이트가 들어 있는 경우가 자주 있다. 이런 삼색 고양이는 "토터셀 앤 화이트"나 "칼리코"로 불리고, 이 색깔들은 토티의 더 "얼룩진" 모습보다 더 뚜렷한 조각들로 나타날 수 있다. O 유전자의 반성 유전 때문에 토티와 토비는 거의 늘 암컷이다. 오렌지색 고양이는 수컷인 경우가 더 많지만, "진저 톰(ginger tom, 연한 적갈색 수컷)"이라는 보편적인 문구가 있음에도, 암컷일 수도 있다.

▶ 얼룩진 털이 난 토터셀 암고양이는 오렌지색 털과 그렇지 않은 털이 섞여 있다.

유전자는 털의 유형을 어떻게 결정하나

현대 고양이의 조상들의 털은 대부분 짧았을 것이다. 고양이의 털의 길이를 지시하는 유전자는 짧은 털이 우성이기 때문이다. 자연적인 돌연변이가 일어나고 사람들이 특정한 고양이의 외모에 선호를 보이기 시작하면서 더 광범위한 고양이 개체군에서 길이와 질감이 다양한 털이 나타났다. 오늘날, 많은 순종 품종이 짧은 털, 긴 털, 중간 길이 털, 곱슬곱슬한 털, 주름 잡힌crimped 털을 비롯한 특정 털 유형과 연관되어 있다.

장모
짧은 털 유전자가 우성이기 때문에, 열성 대립유전자 두 개를 가진 고양이만이 긴 털을 가질 수 있다(67페이지의 도표를 보라).

렉스 유전자Rex genes
곱슬곱슬한 털을 가진 고양이를 낳는 이런 유전자 변이가 세계 전역의 상이한 곳들에서 자연스럽게 나타난 까닭에, 이런 유형에는 몇 가지 버전이 있다. 이건 코니시 렉스와 데본 렉스Devon Rex에서 열성 형질인 반면, 셀커크 렉스Selkirk Rex에서 곱슬곱슬한 털은 그렇지 않은 털에 대해 우성이다.

와이어헤어Wirehair
아메리칸 와이어헤어American Wirehair 같은 와이어헤어 품종의 주름 잡히고 탄력 있는 털은 불완

▼ 오늘날의 고양이가 보여주는 털의 질감과 길이는 다양하다. 이런 현상은 처음에는 자연스럽게 비롯되었지만, 이후에는 선택적 번식을 통해 발전되었다.

장모   단모   렉스 유전자

전한 우성 유전자가 원인이다. 그래서 표현형이 무척 다양하다.

무모Hairless

렉스 유전자처럼, 무모無毛를 통제하는 다양한 유전자 버전이 규명되어 왔다. 엄밀히 말하면, (스핑크스Sphynx 같은) 그 결과물은 털이 전혀 없는 피부라기보다는 매우 곱고 보송보송한 솜털이 난 피부다.

유전자는 행동에 어떻게 영향을 끼치나

유전자 구성이 고양이의 행동에 끼치는 영향은 유전자가 외모에 끼치는 영향보다 훨씬 더 복잡하다. 고양이가 부모에게서 물려받는 "대담함" 같은 특유한 형질들이 있는 듯 보인다. 새끼고양이가 길러지는 환경과 결합된 이런 형질들은 그 고양이를 더 또는 덜 사회화되게 만들거나 외향적으로 만들고, 그래서 특정한 행동을 보여줄 가능성을 더 높인다 (122페이지를 보라). 일부 행동은 특정 품종하고도 연관이 있다. 예를 들어, 샴을 비롯한 동양 품종들은 다른 많은 품종보다 더 큰 목소리로 우는 경향이 있다.

치사 유전자

맹크스 고양이(202페이지를 보라)는 유해한 결과를 낳을 가능성을 피하기 위해 번식작업을 반드시 조심스럽게 해야 할 영역이 어디인지를 보여주는 사례다. 맹크스 유전자는 불완전한 우성으로 알려져 있다. 그래서 이 유전자의 카피를 하나 가진 고양이는 척수의 비정상적 발달 탓에 꼬리가 없거나, 남아 있는 자루의 길이가 다양한 게 특징이다. 이런 특징 때문에, 일부 개체—보통은 꼬리가 전혀 없는 개체—가 척추 쪽 문제에 시달릴 수 있는데, 제일 보편적인 질환은 척추 이분증spina bifida이다. 꼬리가 전혀 없는 대신 자루가 남아 있는 고양이의 번식을 장려하면 이런 건강 문제의 위험은 어느 정도 줄어든다. 하지만 맹크스 유전자에는 더 큰 문제가 있다. 맹크스 유전자의 우성 때문에, 모든 이형접합(맹크스 유전자 하나와 그렇지 않은 유전자 하나) 개체는 꼬리가 없거나 자루만 있게 될 것이다. 하지만 맹크스 유전자 두 카피를 받은 고양이는 태어나기 전에 죽을 것이다. 이 유전자가 치사 유전자lethanl genes로 알려진 이유다. 브리더들은 맹크스 유전자 두 카피가 유전되는 위험을 막기 위해 꼬리가 없는 두 개체를 교배하는 걸 피한다.

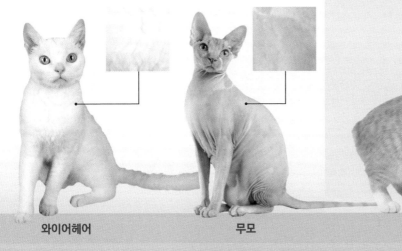

와이어헤어   무모   맹크스 고양이

제3장

생태와 사회적 조직, 습성

고양이의 생태

집고양이는 인간의 곁에서 살아오는 동안 새로운 환경에서 대량 서식하면서 상이한 상황들에 적응하는 비범한 능력을 보여주었다. 펠리스 카투스 종에는 (광범위한 생활환경을 직접 경험하는) 반려묘뿐 아니라 평균적인 집고양이하고는 무척 다른 라이프 스타일을 영위하는 길고양이와 자유로이 떠도는 떠돌이고양이stray cat도 포함된다.

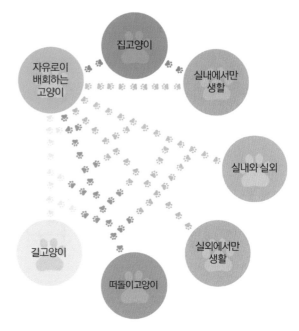

길고양이

"길고양이feral cat"에 붙는 "feral"은 순치된 종이지만 관리받지 않는 존재로 되돌아간 동물을 묘사할 때 사용되는 단어다. 그런 개체들은 태어날 때부터 인

▲ 집고양이의 생활환경, 그리고 인간과 갖는 접촉 빈도는 개체별 차이가 엄청나다. 이런 여건 때문에, 묘생猫生 동안 주인이 있느냐 여부와 먹이나 쉴 곳을 구할 수 있느냐 여부는 많은 고양이에게 변화 가능한 변수가 된다.

간과 접촉하거나 사귈 수 있는 기회가 거의 또는 전혀 없고, 사람을 피하면서 되도록 독자적으로 살아가는 게 보통이다. 고양이는 반려동물로 압도적인 성공을 거뒀지만, 인간의 거주지 내부와 주위에는, 그리고 사람을 만날 일이 드문 시골 지역에도 어마어마하게 많은 길고양이가 존재한다.

떠돌이고양이

도도하게 구는 반려묘와 길고양이라는 두 극단 사이의 어느 지점에 해당되는 고양이가 많다. 고양이는 길을 잃거나 버려지거나 애초의 가정을 벗어나는 일을 당할 수 있다. 이런 개체들은, 초기의 야생고양이인 펠리스 리비카 리비카가 그랬던 것처럼, 기회주의적인 본능을 불러낼 것이다. 자신들이 자신들을 반기는 인간의 거주지 부근에 있다는 걸 알게 된 떠돌이고양이는 반은 길고양이로, 반은 집고양이로 살아가는 삶을 택하면서 얻을 수 있는 먹이와 쉴 곳은 무엇이건 택하는 경우가 잦다. 집고양이는 인간과 교류하는 수준이 굉장히 광범위하다는 것 말고도, 스스로 찾아낸 생태적 상황을 바탕으로 자기들끼리 살아가는 생활방식 면에서도 놀라운 융통성을 보여준다.

고양이밀도

시골의 풀밭이나 황야
(먹잇감의 개체군이 흩어져 있는 곳)

농지와 농장
(또는 조류 군집처럼
먹잇감이 고도로 집중된 곳)

도시지역
(사람들이 제공하는 사료나 쓰레기처럼
먹이가 풍부하게 모인 곳)

1제곱킬로미터당 고양이 5마리까지

시골의 풀밭이나 황야
(먹잇감의 개체군이 흩어져 있는 곳)

시골의 풀밭이나 황야
(먹잇감의 개체군이 흩어져 있는 곳)

▲ 집고양이의 생활환경, 그리고 인간과 갖는 접촉 빈도는 개체별 차이가 엄청나다. 이런 여건 때문에, 묘생猫生 동안 주인이 있느냐 여부와 먹이나 쉴 곳을 구할 수 있느냐 여부는 많은 고양이에게 변화 가능한 변수가 된다.

단독생활 대 무리생활

집고양이의 조상인 아프리카들고양이는 단독으로 영역생활을 하는 종이다. 이 종은 수컷과 암컷이 짝짓기를 위해 서로를 찾아다닐 때와 암컷이 새끼를 기를 때를 제외하면 개체끼리 교류하는 일이 드물다. 이런 특성은 일부 집고양이에도 남아 있다. 호주의 미개간지 같은 드넓은 외딴 지역에서, 길고양이는 충분한 먹잇감을 찾기 위해 넓은 영역을 다스린다. 이런 맥락에서, 전체적인 밀도density가 낮은 지역에서 후각적인 단서(82페이지를 보라)를 이용하는 개체들은 되도록 서로를 마주치거나 대면하는 걸 피하는 편이다. 그러나 번식철 동안은 예외로, 수컷이 암컷들을 되도록 많이 자신의 영역 내부로 통합하려고 영역을 확장하는 과정에서 수컷들의 영역은 겹치게 된다.

　외딴 오지에서 멀리 떨어져 있는 현대의 주인 없는 고양이들은 단독생활을 유지하는 데 필요한 것보다 더 풍부한 먹이의 출처를 찾아내고는 그걸 공유하는 것도 가능하다는 걸 알게 되는 경우가 잦다. 고양이는 순치 덕에 동종同種을 더 잘 감내하면서, 야생의 조상이 얻을 수 있는 것보다 더 풍족한 먹이의 출처를 이용하는 기회를, 인간이 만들어 준 게 대부분인 기회를 활용할 수 있게 되었다. 길고양이나 떠돌이고양이는 선한 마음에서 날마다 동일한 장소에 사료를 제공하는 고양이 애호가를 통해서나, 더 간접적인 형태인 쓰레기통과 어항漁港, 시장, 그리고 그와 비슷한 장소에서 먹이를 얻을 수 있다. 그런 곳에서는 고양이 무리나 군집이 형성될 수 있고, 고양이가 먹을 것과 쉴 곳을 찾을 수 있는 일부 도시나 병원 부지, 쓰레기장에서 고양이들의 모습은 친숙한 광경이 될 것이다. 농장도 그런 군집을 자주 끌어모은다.

고양이 군집과 행동 범위 ⤳

군집에 속한 고양이들은 먹이의 출처를 기반으로 삼으면서, 필요할 경우 부족한 먹이를 보충하려고 훨씬 더 멀리까지 다녀올 것이다(맞은편 페이지의 행동 범위를 보라). 먹이는 그들이 함께 모여 있는 주된 이유이지만, 고양이 군집은 먹이의 출처를 둘러싼 고양이들의 모임 이상의 것이라는 걸 여러 연구가 보여주었다. 실제로 고양이 군집에는 식별할 수 있는 사회적 구조가 있고, 고양이들 사이의 상호관계는 복잡할 수 있으며, 행동 패턴은 개체들마다 가진 교류하는 상대에 대한 선호를 보여준다. 사회구조의 상당 부분은, 사자lion의 사회 시스템과 비슷하게, 동일한 가계(혈통) 출신의 암컷들과 그들의 새끼들 위주로 돌아간다.

모계사회와 협동

친척관계인 암컷 두 마리—자매나 모녀, 조손祖孫—이상이 거의 동시에 출산을 하는 번식 군집에서는 새끼고양이들을 한데 모아놓고 친자식을 두드러지게 편애하는 일 없이 공동으로 양육하는 게 보편적이다. 이런 방식의 이점은 각각의 어미가 연약한 새끼들을 무방비상태로 놔두는 일 없이 각기 다른 시간에 사냥을 나갈 수 있다는 것이다. 한데 모인 새끼들에게 질병이 퍼질 확률이 높아지는 단점은 이런 이점을 상쇄하지만, 이런 양육방식의 전반적인 이점으로 얻는 소득은 이런 위험으로 입는 피해보다 클 것이다.

　새끼들이 성숙해지고 어미의 젖을 떼면, 어린 암컷들은 집단 내에 남는 경향이 있고, 그런 식으로 모계母系, matrilineal사회가 영구화된다. 어린 수컷들은 최장 생후 2살 때까지 머무르다가 성적으로 성숙해지면 사회의 주변부에 더 머무른 후 번식 기회를 찾아 흩어진다.

　전체적으로 볼 때, 암컷들은 군집 내에서 평화적인 협동을 유지하려 시도한다. 충분한 먹이와 안식처가 있을 경우, 군집은 새로운 후손이 성숙해지는 동안 군집의 규모를 키울 만한 여력이 있다. 친숙하지 않은 새로온 고양이들을 상대로 자신들이 가진 자원을 적극적으로 방어해야 할 테지만 말이다. 자원이 희귀할 때, 먹이를 두

◀자신들이 낳은 새끼들을 공동으로 보살피는 어미고양이 두 마리. 이 어미들은 친척관계일 가능성이 크고, 새끼고양이들도 동일한 수컷의 자식일 가능성이 크다.

고 벌이는 경쟁은 군집 내부에서 더 공격적인 교류를 초래하고, 그 결과 일부 개체들은 강제로 밀려 나가게 될 것이다.

규모가 더 큰 군집에는 친척관계일 가능성이 높은 암컷들의 혈통이 여러 개 있을 수 있는데, 그중에서도 규모가 큰 혈통들이 먹이의 출처와 제일 좋은 안식처, 그리고 보금자리에서 제일 가까운 핵심지역에 대한 우선권을 갖는 게 보통이다. 군집에 속해 있지만 규모가 작은 혈통들은 먹이의 출처에 접근하는 것은 여전히 허용되지만, 군집이 장악한 행동 범위의 주변부 지역을 차지하는 게 일반적이다. 핵심지역에서 생활하는 것은 암컷에게 약간의 번식 관련 이점을 제공한다. 암컷이 해마다 더 많

일부 고양이―특히 고양이밀도가 높은 도시지역의 반려묘―의 행동 범위는 사는 집의 뒤뜰을 넘어가지 않을 것이다.

은 새끼를 낳고 새끼의 생존율을 더 높게 유지할 수 있게 해주기 때문이다.

행동 범위

고양이가 일상적으로 돌아다니는 영역은 "행동 범위home range"로 알려져 있다. 행동 범위는 도시 환경과 시골 환경 사이에, 그리고 각 환경 내부에서, 그리고 군집생활을 하는 떠돌이고양이와 길고양이부터 반려묘에 이르기까지 모든 고양이 사이에서 엄청나게 다양하다. 일부 고양이는 일용품을 얻기 위해 집 밖으로 모험에 나설 필요가 없다. 반면, 다른 고양이들은 배를 채울 먹이를 찾아 멀리까지 돌아다녀야 한다. 과학자들은 번식을 하는 암컷의 행동 범위의 크기를 결정하는 핵심적인 요인은 암컷 자신과 새끼들이 먹을 충분한 먹이를 찾아내는 것이라는 결론을 내렸다. 수컷의 행동 범위의 크기는 짝짓기할 암컷들을 구할 수 있는 가능성에 좌우되었다. 결과적으로 동일한 영역에서 수고양이의 행동 범위는 암고양이의 그것의 크기의 세 배 이상일 수도 있다.

◀먹이의 출처가 집중되어 있지 않은 시골 지역에 사는 고양이들은 충분한 먹잇감을 찾으려고 넓은 행동 범위를 돌아다닐 것이다. 수고양이의 행동 범위는 최대 10제곱킬로미터에 이르는 것으로 기록되었다.

반려묘의 사회적 조직 ✑

반려묘 개체군 내에서는 사회적 인내심을 발휘하고 동거묘와 교류를 할 필요성이 무척 크다. 반려묘는 철저히 실내에서만 외동묘로 길러지는 상황부터 실외에 나가는 게 가능한 다묘多貓 가정에 이르기까지 처하는 생활환경이 무척 다양하다. 묘주가 이사를 가거나 가족의 크기를 넓히거나 줄이거나 고양이에게 새 주인을 찾아 주기로 결정할 경우, 반려묘도 생애 내내 이런저런 변화를 겪으면서 상이한 유형의 가정에 적응해야 한다.

외동묘 가정

대부분의 고양이는 "외동묘only cat"일 때 극도로 행복하다. 먹이와 잠자리 같은 자원을 두고 경쟁하지 않아도 되는 상황을 누리기 때문이다. 외동묘는 집안의 인간 식구들하고만(4장을 보라), 그리고 실외로 나가는 게 허용될 경우에 만날 수 있는 이웃의 고양이들하고만 사회적 커뮤니케이션을 하면 된다.

많은 고양이가 다른 고양이보다는 인간의 곁에 있는 걸 더 선호한다. 그리고 집사를 독차지하는 걸 더 좋아할 것이다.

◀다묘 가정의 일부 고양이는 먹이에 접근하는 문제와 관련해서 우선권을 갖는 반면, 다른 고양이는 좋아하는 휴식공간에 대한 권리를 주장할 것이다.

다묘 가정

다묘multi-cat 가정 내부의 사회적 조직에 대한, 그리고 거기에 위계적인 교류 시스템이 존재하는지 여부에 대한 여러 연구가 행해졌다. 일부 연구는 상대적으로 간단한, 고양이 두 마리가 있는 가정에 초점을 맞췄고, 다른 연구들은 한 가정 내에 있는 훨씬 더 큰 무리를 살펴봤다. 결정적인 결론을 도출하기는 쉽지 않았다. 상이한 자원들을 놓고 존재하는 상이한 위계들이 관찰되었기 때문이다. 어느 고양이는 먹이를 선호한 반면, 다른 고양이는 항상 좋아하는 잠자리를 차지했다. 위계를 측정하는 데 사용한 행동의 척도도 연구 결과에 영향을 끼칠 수 있었다. 위계라는 개념도 고양이보다 인간에게 더 중요할 것이다. 다른 고양이와 덜 우호적인 관계일 때는 별도의 휴식공간을 정하는 식으로, 또는 그 공간을 교대로 사용하는 식으로 서로를 회피하는 것도 가정을 공유하는 고양이들이 더 일관적으로 보여주는 특징에 포함된다. 어렸을 때부터 끈끈한 유대감을 형성한 고양이들은 함께 휴식을 취하기도 한다.

동네 고양이와의 관계

정기적으로 실외에 나가는 반려묘는 다른 고양이를 만날 가능성이 크다. 주인이 없이 단독으로 살아가는 고양이처럼, 대부분의 동네 고양이들은 가능한 곳에서는 후각적 단서를 활용해서 서로를 피하려 애쓸 것이다. 대면 접촉은 꽤나 적대적인 결과를 빚어내는 게 보통이다. 이웃에 사는 고양이들 사이에 우호적인 관계가 발전하는 일도 가끔 있기는 하다.

고양이와 개

"고양이를 쫓는 개"라는 진부한 이미지가 있음에도, 적절한 품종인데다 제대로 조련을 받은 개라면, 그리고 두 동물의 첫 만남을 신경 써서 관리해 준다면, 같은 가정에서 동거하는 고양이와 개는 끈끈한 유대관계를 발전시킬 수 있다. 고양이는 인간을 겨냥해서 하는 많은 행동을 개에게도 할 것이다(4장을 보라).

▶ 한 지붕 아래에 사는 고양이와 개는, 안면을 제대로 텄다면, 서로의 무척 좋은 친구가 될 수 있다.

후각을 통한 커뮤니케이션 ✄

고양이는 후각에 심하게 많이 의존한다. 사회적인 정보를 모을 때는 특히 더 그렇다. 냄새는 시각이나 촉각, 청각 신호보다 훨씬 더 먼 거리에서 주고받을 수 있는, 훨씬 더 오래 가는 커뮤니케이션 수단으로, 야생에서 단독생활을 하던, 집고양이의 야생고양이 조상들에게는 필수적인 수단이었을 것이다.

소변

고양이의 소변 냄새는, 특히 수고양이의 소변 냄새는, 심지어 인간의 코에도, 지독히도 자극적이다. 고양이 입장에서, 그 안에는 우리가 감지할 수 있는 것보다 훨씬 많은 정보가 들어 있다. 다른 고양이의 소변 흔적을 마주친, 암수를 불문한 모든 고양이는 거기에 코를 대고 한동안 킁킁거릴 것이다. 낯선 고양이가 남긴 흔적이라면 특히 더 그럴 것이다. 고양이가 소변을 보는 방식은 두 가지다. 쪼그린 자세로(squatting, 성묘와 새끼고양이, 어린 고양이가 행하는 게 보통이다), 또는 깔기는 방식으로(spraying, 건강한 수컷 성묘에게 보편적이지만, 암컷 성묘도 덜한 정도로, 그리고 가끔은 중성화된 고양이도 보여준다). 쪼그려 앉아서 소변을 본 고양이는 흙이나 쓰레기를 긁어 소변 주위에 덮는 게 일반적이다.

오줌을 갈기는 것은 훨씬 더 의도적으로 냄새를 남기는 방식이다. 이럴 때는 수직으로 서 있는 표면에 오줌을 누는 게 보통이다. 고양이는 표면을 등지고 서서 꼬리를 높이 들고는 몸을 떨며 오줌 스프레이를 갈긴다. 고양이는 자신의 존재를 알리려고 영역 곳곳에 오줌을 갈기지만, 특별히 행동 범위의 모서리를 따라 자국을 남기지는 않을 것이다. 스프레이 자국은 지나가는 고양이의 주의를 많이 끌고, 고양이들은 사회적인 냄새를 처리하려고 활용하는 플레멘 반응(61페이지를 보라)을 이용해 냄새를 조사할 것이다. 발정 난 암컷과 수컷은 갈기는 빈도를 늘리는 것으로 서로에게 구애한다. 이건 스프레이 소변에 성적인 정보가 일부 들어 있다는 뜻이다.

대변

고양이의 커뮤니케이션에서 대변이 수행하는 역할은 여전히 불명확하다. 소변이 그러는 것처럼, 낯선 고양이가 본 대변도 친숙한 고양이의

◀ 고양이는 행동 범위를 순찰하다 새롭고 흥미로운 냄새를 맡으면 걸음을 멈추고 다른 고양이가 그 길을 지나갔는지를 가늠할 것이다.

그것보다 더 많은 주의를 끄는 것처럼 보이지만 말이다. 이건 이 방식을 통해 어느 정도의 사회적 정보가 전달된다는 뜻이다. 무리생활을 하는 고양이들은 행동 범위의 중심지역에서는 대변을 보고 흙으로 덮지만, 주변부에 가까운 곳에서는 노출된 상태로 남기는 걸로 알려져 있다. 위생상의 이유에서 그러는 것인지, 신호 전달 기능을 더 많이 수행하려고 그러는 것인지는 명확하지 않다.

고양이는 행동 범위를 돌아다니는 동안 물체에 몸을 문질러 냄새를 남긴다. 다른 고양이나 사람이 있는 앞에서 시각적인 과시의 일환으로 물체에 몸을 문지르기도 한다.

스크래칭SCRATCHING

고양이가 발톱으로 긁어대는 데에는 단순히 발톱 건강을 유지하는 것 이외에도 많은 이유가 있다. 고양이는 동일한 장소를 거듭해서 긁는 편이다. 그래서 시간이 흐르면 그곳에 확연한 시각적 신호가 생겨난다. 고양이는 긁는 동안에 발가락 사이에 있는 발가락사이샘을 통해 냄새를 분비해서 다른 고양이들에게 후각적 정보를 남기기도 한다.

피부의 분비샘

고양이의 피부 전역에는 많은 냄새 분비샘이 있는데, 특정 지역에—특히 머리 부위에—집중되어 있다(47페이지를 보라). 양쪽 입가에, 이마와 두 뺨 양옆에, 그리고 턱 아래에 있는 분비샘에서 나온 분비물을 다른 고양이와 교류하는 동안 상대에게, 그리고 근처에 있는 물건들에 문지른다. 다른 고양이는 앞선 고양이가 물건에 대고 문질러서 남긴 자국에 코를 대고 킁킁거린 후 그 위에 자신들의 분비물을 문질러 바른다. 이건 사회적 정보가 교환된다는 걸 뜻한다. 상대의 몸에 자기 몸을 문지르는 것은 한 고양이에게서 다른 고양이로 냄새를 전하는 행위일 것이다. 하지만 오소리를 비롯한 일부 다른 육식동물 종에서 발견되는 것처럼 이것이 집단의 냄새group odor를 창조하기 위함인지 여부는, 아니면 촉각적 신호 역할이 더 큰 것인지 여부는 불분명하다.

▶ 나무나 울타리 말뚝 같은 좋아하는 스크래칭 장소에 뚜렷한 시각적 신호를 남기는 건 발톱의 건강을 유지하고 냄새를 남기기 위해서다.

촉각을 통한 커뮤니케이션 ❧

안정적으로 자리를 잡은 집단에 속한 성묘들이 때때로 특정한 다른 개체들과 밀접하게 접촉하면서 휴식을 취하는 걸 볼 수 있다. 고양이들이 다정하게 앉아 있거나 잠을 자는 것 이상의 두드러진 교류를 항상 하는 건 아니지만 말이다. 그들이 넓은 간격을 두고 지내는 대신에 이렇게 생활하는 쪽을 택한 것은 따스한 온기나 안전에 대한 필요성이—또는 그냥 이런 생활을 즐기려는 단순한 이유가—동기로 작용했을 가능성이 있는 사회적 커뮤니케이션의 한 형태로 보인다. 고양이는 사전에 서로에게 코를 킁킁거리는 게 보통인데, 상대가 돌아다니는 동안 모아온 새로운 냄새들을 확인하기 위해서일 것이다.

상호 그루밍

함께 누운 고양이 두 마리는 가끔씩 한바탕 서로를 핥아댄다. 이건 상호 그루밍 또는 "알로그루밍allogrooming"으로 알려진 행위다. 고양이는 (어미의 도움이 필요한 어린 새끼고양이를 제외하면) 혼자서도 자기 몸을 청결하게 관리하고도 남는 동물이다. 그래서 알로그루밍은 실용적인 목적보다는 사회적인 목적이 더 많은 행위일 것이다. 일부 집단적인 상황에서는 앞선 시기에 공격적인 상호작용을 통해 서로를 아는 고양이들 사이에서 이런 행위가 일어난다. 따라서 이 행위는 군집 생활을 하는 고양이들 사이에서 긴장을 줄이는 방식 역할을 하는 것 같다. 밀도가 높은 일부 고양이 군집은 알로그루밍은 더 많이, 공격성은 더 적게 보여주었다. 이건 두 행동 사이에 관련성이 있다는 걸 다시금 시사한다. 하지만 더 매력적인 시나리오는 서로에게 친숙하고 느긋한 상태에 있는 한 쌍의 고양이가 몸을 말고 알로그루밍을 하며 사회적인 유대감을 더 돈독히 다진다는 것이다.

문지르기

어떤 고양이가 자신의 머리로, 그리고 옆구리와 꼬리로 다른 고양

◀ 유대관계에 있는 고양이 쌍은 가까이서 함께 쉬는 쪽을 자주 택하면서 온기와 편안함을 얻고 알로그루밍을 통해 상대를 향해 품은 우호적인 의도를 돈독히 한다.

이를 문지르는 문지르기rubbing 또는 "알로러빙allorubbing"은 고양이 사회에서 핵심적인 행동 중 하나다. 다른 고양이를 문지르려는 의도를 가진 고양이는, 상대에게 접근할 때 우호적인 의도를 알리는 신호로서 (털을 부풀리지는 않고) 꼬리를 수직으로 세울 것이다(꼬리의 위치에 대한 더 많은 내용은 87페이지와 124페이지를 보라). 그런 다음에 혼자서 일련의 문지르기 순서를 따르거나, 상대가 적극적으로 호응할 경

이제 막 서로에게 접근한 이 고양이들은 교류하기 전에—행동을 연구하는 학자들이 "코 맞대기touching noses"라고 부르는 행동을 하며—상대방의 냄새 정보를 모으고 있다.

우 자발적으로 자신들의 머리와 몸통을 문지르며, 심지어는 꼬리들을 휘감으면서 서로에게 몸을 문지를 것이다. 최초에 접근했던 각도에 따라, 두 고양이는 맞은편에서 걸어오다 서로를 지나칠 때 몸을 문지르거나, 같은 방향으로 향하며 함께 걸어가면서 걷는 동안 몸을 문지른다. 때때로 고양이는 뺨의 측면 대신 이마를 이용해, 부드러운 박치기에 가까운 최초의 머리 문지르기를 수행한다. 이 행동은 "번팅bunting"으로 알려져 있다.

주인 없는 고양이들이 모인 군집 내에서, 고양이들 사이의 문지르기는 상당히 비대칭적인 패턴을 따른다. 어린 고양이가 나이 든 고양이보다 문지르기를 더 많이 시작하고, 암컷들은 성숙한 수컷들에게, 역逆의 관계보다, 문지르기를 더 많이 시작한다. 새끼들은 각자의 어미들의 몸을 특히 더 많이 문지른다. 덩치가 작고 약한 개체들로부터 덩치가 크고 강한 개체들 쪽으로 향하는 이런 문지르기의 흐름은 군집의 구성원들 사이의 친근한 유대관계를 공고히 하고 공격행위를 피하는 걸 돕는다. 꼬리를 올리고 접근해서 문지르기를 하는 상대에게 공격으로 보답하는 일이 드물다는 사실은 이 주장이 사실이라는 걸 시사한다.

코 맞대기

아마도 제일 사랑스러운 장면은 서로에게 접근하는 두 고양이가 "키스"를 하는 것처럼 코를 맞대는 광경일 것이다. 이건 각자가 동시에 서로의 몸을 킁킁거리는 행동일 가능성이 크다.

▶ 이 고양이들은 둘 다 꼬리를 올렸다—한쪽이 머리를 다른 쪽의 몸에 문지르는 동안 편안하고 느긋한 교류를 한다는 표시다. 그러고 나면 그들은 옆구리를 함께 문지르고, 심지어는 꼬리들도 감을 것이다.

시각을 통한 커뮤니케이션 ⌒

단독생활을 하던 조상들과 달리, 많은 현대의 고양이들은 선택했건 그렇지 않건 날마다 다른 고양이를 만나야 한다. 바로 여기가 시각적 정보가 필요한 지점이다. 몸의 자세와 표정, 꼬리의 위치를 비롯한 광범위한 시각적 커뮤니케이션이 작동한다.

대치

고양이가 활용하는 많은 시각적 신호는 전면전으로 비화할 수도 있는 적대적인 분위기를 해소하는 쪽을 선호한다는 걸 보여주려는 의도로 설계되었다. 고양이는 이런 상황에서 온몸을 활용해 메시지를 전달한다(151페이지를 보라). 공격에 나선 고양이는 몸 전체의 털을 곤두세우고("입모立毛, piloerection"로 알려진 행위) 몸을 한껏 일으키며, 두 귀를 뒤쪽으로 돌리고, 수염을 전방으로 부채질하며, 꼬리를 위험에서 먼 쪽으로 치우는 게 보통이다. 위협을 받는 고양이는 바닥에 웅크리고, 두 귀를 머리에 납작 눕히며, 수염을 뺨에 납작하게 붙이고, 꼬리를 위험에서 먼 쪽으로 치우면서 방어 자세를 취할 것이다. 위협 상황이 계속되면, 방어하는 고양이는 옆쪽으로 서서 등을 구부린 자세로 더 공격적인 태도를 취하면서 복잡한 감정을 드러내기 시작할 것이다. 부풀어 오른 꼬리는 뒤집힌 U자 모양을 취할 것이다. 이건 새끼고양이들이 놀 때 수행하는 옆걸음질을 반영한 자세다(100페이지를 보라).

꼬리의 위치

고양이가 보유한 신호들 가운데에서 가장 뚜렷한 시각적 신호는 "꼬리 세우기tail-up"일 것이다. 다른 고양이에게 접근하는 고양이는 꼬리의 위치를 평상시의 수평이거나 약간 낮은 느긋한 위치에서 수직으로 곧추세울 것이다. 이건 우호적인 의도를 표시하는 환대 신호로, 고양

롤링

개의 롤링rolling은 어느 개가 다른 개에게 복종한다는 신호라는 사실은 잘 알려져 있다. 고양이의 경우, 롤링의 기능은 다른 듯 보인다. 발정기가 된 암고양이는 정교한 일련의 성적 행동의 일부로서 몸을 굴릴 것이다. 수고양이도 때때로 롤링을 하지만, 공격적인 상호작용을 하는 동안에는 그러지 않는다. 따라서 롤링은 상대를 진정시키려는 행동은 아니다. 때때로 롤링은 다른 고양이가 있을 때 물체에 몸을 문지르는 행위와 관련이 있다. 이때 롤링은 관련된 물체에 냄새를 남기면서 더불어 하는 시각적인 과시인 게 분명하다. 일부 고양이는 인간과 느긋하게 교류하는 동안 롤링을 하기도 한다(4장을 보라).

이 한쪽, 또는 양쪽이 하는 알로러빙이 뒤를 잇는 경우가 잦다(85페이지를 보라). 꼬리가 다른 위치에 있는 것은 해독하기가 약간 더 어렵다. 꼬리를 양옆으로 씰룩거리거나 후려치는 건, 또는 수평 위치를 유지하는 건 약간 실망했다거나 짜증이 난다는 것을 제일 점잖게 드러내는 것에서부터 곧바로 전면적인 공격에 나서겠다고 경고하는 제일 적극적인 형태까지 사이에 있는 감정을 드러낸 것일 수 있다. 고양이는 때때로 최대의 효과를 거두기 위해 "병 씻는 솔bottle brush" 스타일로 꼬리를 부풀릴 것이다. 반면, 방어하는 고양이는 꼬리를 말 것이다. (꼬리로 보내는 신호에 대한 더 많은 정보는 124페이지를 보라.)

시선 교환

고양이 입장에서, 상대와 교류하는 동안 시선을 교환하느냐 마느냐는 중요한 결정이다. 눈을 깜빡이지 않으면서 다른 고양이를 강렬하게 쏘아보는 것을 상대는 위협 행위로 해석하고, 그러면서 상황은 공격적인 상황으로 비화할 가능성이 크다. 불안해하는 고양이는 상대 고양이에게서 시선을 돌리는 것으로 시선 교환을 피한다. 이 고양이의 동공은 팽창될 가능성이 큰 반면, 공격하는 고양이의 동공은 좁아질 것이다. 느긋한 상태에 있는 고양이는 때때로 반쯤 감은 눈으로 상대를 (또는 사람을) 보면서 느릿느릿 눈을 깜빡일 것이다. 서로를 향해 눈을 느리게 깜빡이는 것은 평화적인 의도를 보여주려고 많이 사용되는 신호다(고양이와 상호작용하는 법에 대해서는 130페이지를 보라).

귀

고양이는 귀를 꽤나 자유로이 움직인다. 고양이는 신체의 다른 부위를 움직이지 않고서도 공격 의도를 표명(뒤로 젖힌 귀)했다가 방어 자세로 입장을 바꾸면서(납작해진 귀) 다시 원래 입장으로 돌아가는 식으로 귀를 사용할 수 있다.

고양이의 귀 움직임

편안할 때

화났을 때

겁먹었을 때

▲ 귀의 위치는 고양이의 기분이 어떤지를 보여주는 좋은 지표다. 여기에 소개한 귀의 위치들의 사이에 있는 귀의 위치는 상호작용을 하는 동안 고양이의 기분이 어떤 상태에서 다른 상태로 바뀌는 중이라는 걸 보여준다.

고양이의 꼬리 위치

▼ 고양이가 자기들끼리, 또한 인간과 상호작용할 때 자주 활용하는 꼬리 위치들 중 일부.

환대   신났을 때   편안할 때   화났을 때   짜증날 때

울음소리를 통한 커뮤니케이션 ⌒

고양이는 커뮤니케이션을 위해 울음소리를 놀라울 정도로 유연하게 활용한다. 특히 반려묘는 인간 동거인과 이야기를 나누는 데 사용하는 야옹 소리miaow와 다른 울음소리의 레퍼토리를 꽤나 많이 개발할 수 있다(126페이지를 보라). 하지만 야생의 고양이는 일반적으로 무척 조용하고, 주로 어미와 새끼들 사이에, 또는 공격을 하거나 성적인 만남을 가질 때 같은 특정 맥락에서만 울음소리를 사용할 뿐이다.

야옹 소리와 떨리는 소리

어린 새끼는 춥거나 방향감각을 잃었거나 어딘가에 갇혔을 때 어미를 향해 야옹거린다. 그럴 때마다 내는 소리는 조금씩 달라서 어미는 뭐가 문제인지를 알 수 있다. 어미는 쩍쩍 소리trill와 비슷한 소리로 대답해서 새끼의 소리를 들었다는 사실을 알린다. 성묘가 되고 나면, 집안에서 인간과 어울리지 않고 주인 없이 떠도는 고양이가 서로를 향해 야옹거리는 경우는 드물다.

긴장해서 내는 소리

고양이의 밀도가 넓고 고양이들의 행동 범위가 겹치는 도시지역에 사는 많은 이들이 고양이가 싸울 때 내는 소리를 잘 안다. 이런 접촉에서 전형적으로 나는 소리는 길게 오래 끄는 울부짖음과 그윽한 저음으로 으르렁거리는 소리다. 고양이는 이런 공격적인 소리를 입을 벌린 상태에서 내뱉는다. 고양이가 실제 물리적인 결투에 의지하는 일 없이 상대의 기를 꺾으려 애쓰는 동안, 그런 소리의 사이사이에 하악질hissing과 스피팅spitting 소리가 섞여서 나올 것이다.

짝을 부르는 소리

발정기가 된 암컷은 짝을 찾아다니는 동안 극도로 요란하게 울부짖는 소리를 거듭해서 낸다. 수컷도 암컷을 찾으며 울부짖는다. 짝짓기를 마친 후, 암컷은 수컷이 음경을 뺄 때 음경에 달린 미늘이 안겨주는 고통 때문에 날카로운 비명을 지른다.

▶ 고양이는 울부짖거나 으르렁거리거나 하악질을 하는 동안 입을 여는 각도를 다양하게 조정해 소리를 증폭시킨다. 그래서 고양이가 내는 공격적인 울음소리는 놀라울 정도로 요란할 수 있다.

◀ 집고양이는 창문 앞에서−안전한 거리를 두고 동네의 고양이와 다른 활동을 지켜보면서−많은 시간을 보낸다. 고양이는 다가가지 못하는 새나 다른 작은 먹잇감을 발견하면 "치터링"을 한다.

가르랑거리기

고양이가 내는 제일 사랑스러운 소리 중 하나인 가르랑 소리purring는 성대가 후두에 있는 근육을 통제하는 동안에 함께 진동하면서 나는 소리다. 고양이는 들숨과 날숨 사이의 잠깐 동안만 소리를 멈추면서 가르랑 소리를 계속 낼 수 있다. 새끼고양이는 생후 불과 며칠이 되었을 때부터 가르랑거릴 수 있고 동기의 몸에 몸을 파묻는 동안, 그리고 어미의 보살핌을 받는 동안 가르랑거린다. 그러면 어미도 가르랑거리는 소리로 화답한다. 가르랑거림은 성묘가 되었을 때도 그대로 유지된다. 그래서 나란히 누운 두 고양이가 편하게 상대와 접촉하는 동안에도 이런 소리가 들린다. 흡족해서 내는 소리인 게 보통이지만, 극도로 고통스러울 때처럼 기쁨과는 거리가 먼 상황에서도 가르랑거릴 수 있다.

치터링

고양이는 닿지 못할 곳에 있는 먹잇감을 볼 때 매우 독특한 소리를 낸다. 고양이가 창밖의 새를 관찰하면서 이런 소리를 내는 게 자주 관찰된다. "치터링(chittering, 추위에 떨기)"으로 알려진 이 소리는 이빨을 딱딱 마주치는 소리처럼 들린다. 흥분이나 실망, 또는 둘 다를 표현하는 것일 수 있다.

포효ROARING

사자와 호랑이, 표범, 재규어−표범속에 속한 동물들−는 모두 포효할(으르렁거릴) 수 있다. 그런데 다른 혈통에 속한 고양이들과는 달리(18~19페이지를 보라), 이 대형 고양이들은 가르랑거리지는 못한다. 이런 차이는 목에 있는 작은 뼈인 설골舌骨의 구조 때문에 생긴다. 포효하는 고양잇과 동물의 설골은 유연하다. 완전히 골화骨化하지 않고, 쭉 펴지면서 음의 범위를 늘릴 수 있는 인대가 부착되어 있기 때문이다. 또한 성대도 커다랗고 두툼한 네모 모양이라 그윽한 으르렁 소리를 내는 걸 도와준다. 거의 모든 다른 고양이의 설골은 완전히 골화되었고, 그래서 뻣뻣하며, 성대는 더 작아서 훨씬 부드러운 가르랑 소리를 낸다. 표범속에 속한 구름표범 두 종의 설골은 완전히 골화되었고, 그래서 포효하지 못한다. 반면, 눈표범은 설골 구조가 포효하는 고양잇과 동물들과 동일하면서도 포효하지 못하고, 대신 독특한 "푸르륵chuffing" 소리를 낸다.

구애와 짝짓기 ⌒

요즘에는 많은 반려묘가 일상적으로 중성화된다(136페이지를 보라). 지구상에 서식하는, 사람들이 원치 않는 고양이와 새끼고양이의 수가 방대하다는 걸 고려하면 중성화는 합리적이고 필요한 관행이다. 족보 있는 고양이를 브리딩하는 환경에서, 브리딩은 브리더의 세심한 통제 아래 수행된다. 하지만 중성화 수술을 받지 않은 군집이나 자유로이 배회하는 중성화되지 않은 개체들은, 그대로 방치할 경우, 극도로 효율적으로 번식하면서 그 영역의 고양이 개체수를 급격히 늘릴 것이다.

암고양이의 성적 성숙

어린 암컷 또는 "여왕queen"은 생후 6개월부터 9개월쯤이면 성적으로 성숙해지는 게 보통이지만, 생후 4개월부터 5개월 사이인 이른 나이에 성적으로 성숙해지는 개체도 일부 있다. 봄이 시작되면서 기온이 오르고 해가 길어지기 시작하면 여왕은 암내를 풍기기 시작하는 게 보통이다. 호르몬이 바뀌면, 암고양이는 더욱더 가만히 있지를 못하면서 물체에 몸을 문지르고 바닥을 뒹굴며 가르랑거린다. 이런 행위는 이후로 며칠간 더욱 늘어나고, 암고양이는 종종은 먼 거리로부터 수고양이들을 끌어모으는 울부짖는 소리를 낼 것이며, 더불어 소변 냄새도 평소보다 더 빈번하게 풍길 것이다.

교미

건강한 수고양이는 암고양이의 생식기 부

유도 배란

고양이는 "유도 배란 동물induced ovulator"이다. 즉, 짝짓기 행위가 난소의 배란을 자극하는 동물이다. 배란을 성공적으로 유도하려면, 암컷은 24시간 안에 세 번이나 네 번 짝짓기를 해야 한다. 선조들이 했던, 넓은 공간에서 단독으로 생활했던 습성에 적응했던 까닭일 가능성이 있는 이런 습성 덕에, 암고양이는 반드시 수고양이를 확보한 이후에 배란을 하게 되고, 그 결과로 임신할 기회를 확실하게 갖는다.

▶ 발정이 난 암컷은 롤링을 비롯한, 정교하고 시끄러운 행동 루틴을 수행한다.

암컷은 발정기 동안 수컷 대여섯 마리와 짝짓기를 한다. 수컷 한 마리가 암컷을 독점할 가능성이 적은, 고양이밀도가 높은 지역에서는 특히 더 그렇다.

위를 킁킁거리면서 고양이가 사회적 냄새를 킁킁거릴 때 활용하는 플레멘 행동을 수행할 것이다(61페이지를 보라). 암컷은 "척추전만lordosis"이라고 알려진 자세를 취하는 것으로 준비가 되었다는 신호를 짝에게 보낸다. 몸의 앞부분을 낮게 웅크리고 뒷다리와 궁둥이는 올리며, 꼬리는 한쪽 옆으로 돌리고 뒷다리로 바닥을 킁킁거리는 자세다. 수컷은 암컷을 올라타고, 교미하는 동안 목덜미를 물어 암컷을 꼼짝못하게 만든다. 수컷이 떨어질 때, 수컷의 음경에 난 미늘은 암컷에게 고통을 안겨주면서 유도 배란을 위한 자극을 제공한다. 수컷에 대한 태도를 공격적으로 바꾼 암컷은 수컷을 긁고 수컷에게 하악질을 하다 자신의 생식기 부위를 핥고 구르는 동작으로 다시 돌아간다. 암컷은 통증 때문에 불편한 게 분명하면서도, 이어지는 며칠간, 가능할 경우 상이한 수컷 여러 마리를 상대하는 짝짓기 과정을 여러 번 반복할 것이다.

번식 사이클

암고양이는 계절에 따라 다발정성polyestrous이다. 연중 따스한 몇 달 내내 성적 수용성sexual receptiveness의 사이클을, 또는 발정기를 대여섯 번 경험한다는 뜻이다. 짝짓기할 기회를 가진 암고양이의 경우 발정기는 4일에서 6일간 지속되고, 수정이 일어나지 않으면 2주나 3주 후에 찾아올 다음 발정기가 될 때까지 다시 성적으로 얌전해진다. 수정이 될 경우, 발정기는 출산을 하고 새끼고양이들이 젖을 떼기 전까지는 다시 찾아오지 않는다. 수고양이를 받아들이려는 암고양이가 짝짓기를 못한 채로 남으면, 발정기와 관련된 행동들은 최대 10일—반려묘와 묘주 모두에게 길고 불만스러운 기간—까지 지속될 수 있다.

수고양이의 번식 전략

수고양이는 자신을 받아주려는 암고양이를 확보할 수 있는 가능성에 따라 다양한 번식 전략을 채택하면서 암컷들이 되도록 많이 포함되도록 행동 범위를 조정한다. 수컷 한 마리가 발정 난 암컷 한 마리를 찾으려고 넓은 지역을 돌아다녀야 하는 시골 지역에서 이런 선택의 이점은 수 컷이 짝짓기할 암컷을 독점하면서 다른 수컷들을 물리칠 가능성이 더 크다는 것이다. 암수 양쪽 다 개체수가 많이 밀집한 도시의 개체군에서, 수컷은 발정 난 암컷에게 다가가는 기회를 어쩔 도리 없이 공유해야 한다. 건강한 암컷 무리가 동시에 발정기에 들어갈 때는 특히 더 그렇다. 암 컷 대여섯 마리가 동시에 그럴 경우, 짝짓기 기회를 놓치면 안 되는 수컷은 다른 수컷들과 싸우 는 일에 시간을 허비할 수가 없다. 이런 이유로, 붐비는 도시 군집에서 수컷들이 벌이는 싸움은 줄어들고, 지배력이 떨어지는 어린 수컷 일부도 짝짓기 기회를 갖게 된다. 고밀도 개체군에 속 한 암컷들이 한배에 낳은 새끼들은 아비인 수컷이 한 마리 이상인 경우도 자주 있다. 짝짓기 단 계를 마친 수컷들은 새끼고양이를 키우는 데에는 직접적인 자원을 전혀 투입하지 않는다.

▼고양이에게 임신은, 인간이 그러는 것처럼, 불편한 시간이 될 수 있다. 이 진저 암고양이의 젖꼭지는 출산 전에 부어 오르기 시작했다.
▶고양이의 63일 임신 기간 중 40~45일경에 태아들의 뼈는 X-레이에 포착될 정도로 충분히 많은 칼슘을 함유하고, 그 덕에 수의사는 임신을 확인하면서 태어날 새끼고양이의 수를 추정할 수 있다.

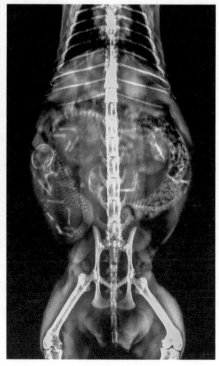

임신과 출산

집고양이의 임신은 평균 63일(9주)간 계속되고, 이 기간 동안 늘어난 황체 호르몬progesterone은 젖샘mammary gland을 부어오르게 만들어 새끼들에게 젖을 줄 준비를 시킨다. 암컷은 출산 전 며칠간 완벽한 출산 장소를 찾아다니면서 보금자리를 꾸미는 행동에 많은 시간을 소비한다. 가정집에는 출산을 할 만한 매력적인 장소가 많지만, 비바람을 피할 수 있는 따스한 곳을 찾는 길고양이 암컷의 경우, 새끼들의 생존에 꼭 필요한 안전을 확보하는 건 어려운 일이 될 수도 있다.

암컷은 출산 직전에 자기 몸을, 특히 젖꼭지와 생식기 부위를 철저히 핥아 새끼고양이들이 접촉하게 될 부위들을 청결히 하고, 젖을 빠는 갓 태어난 연약한 새끼들을 보호하기 위해 항균 성분이 있는 침으로 그곳들을 덮는다. 많은 동물이 그렇듯, 출산 시간은 한 시간부터 여러 시간까지 무척 다양할 수 있다. 각각 양수가 꽉 찬 양막낭amniotic sac에 싸인 채로 태어난 새끼들은 어미가 양막낭을 핥아서 벗기면 그제야 처음으로 숨을 쉰다. 곧이어 태반이 쏟아지고, 어미는 그걸 탯줄과 함께 먹는다. 이 조직들은 조금 후에 젖을 먹여야 하는 어미에게 필수적인 영양분의 출처다. 며칠간 다른 먹이를 찾을 기회가 없을, 안락한 집안에서 멀리 떨어진 곳에서 출산하는 어미 입장에서는 특히 더 그렇다. 이 과정은 새끼들이 모두 태어날 때까지 반복된다. 한배에서 태어난 새끼의 수는 한 마리에서 열 마리까지 다양하지만, 평균적인 마릿수는 세 마리에서 다섯 마리 사이이다. 어미의 건강과 나이(어린 나이에 초산을 한 어미는 한배에 낳는 새끼의 수가 적다), 품종을 비롯한 다양한 요인이 새끼의 수에 영향을 줄 수 있다.

어미고양이는 몸을 웅크려 갓 태어난 새끼고양이들을 품으면서 새끼들이 젖을 빨도록 부추기고, 출산 후 몸조리를 하는 동안 새끼들의 온기를 유지시켜 준다.

어미 노릇과 양육 ❧

마지막 새끼가 태어나면, 어미는 새끼들과 편안히 자리를 잡고는 모로 누워 젖꼭지를 새끼들에게 노출시켜서 새끼들이 젖을 빨 수 있게 해준다. 어미는 처음 며칠간은 먹이를 먹거나 용변을 볼 때만 잠깐 자리를 떠날 뿐, 거의 항상 새끼들 곁에 머문다. 이 기간 동안 어미의 젖꼭지는 "초유初乳, colostrum"로 알려진, 항체가 풍부한 첫 젖을 생산한다. 갓 태어난 새끼들은 앞을 보지 못하고, 청력과 운동능력도 제한적이며, 자신의 체온을 조절하지 못한다. 어미의 냄새와 온기에 유도된 새끼들은 어미의 젖꼭지로 기어가 젖꼭지에 달라붙어 젖을 빨기 시작할 때까지 어미의 복부를 마구 찌르고 다닌다. 그러면서 틈틈이 잠을 잔다. 초유가 풍부하게 나오고 나면 어미에게서는 평범한 젖이 흐르기 시작한다. 새끼들은 이렇게 되도록 자극하기 위해 어미의 복부를 발로 부드럽게 주무르거나 밟는다.

바뀌는 욕구

처음 몇 주간, 어미는 새끼들이 젖을 빨게 만든다. 새끼들이 잠을 지나치게 많이 잘 경우에는 새끼들을 쿡 찔러서 깨어나 젖을 먹으라고 부추긴다. 그러다가 새끼들이 더 잘 움직이고 더 활발해지기 시작하는 생후 3주쯤이 지나고 나면, 균형이 바뀌면서 이제는 새끼들이 젖을 먹으려고 어미에게 다가가기 시작한다. 생후 4주쯤이 되면 어미는 앉거나 눕는 자세를 취해, 또는 새끼들로부터 멀리 떨어진 곳에서 쉬는 간단한 방법을 통해 새끼들이 젖꼭지에 접근하기 어렵게 만드

젖 빨기

한배에서 난 새끼들의 젖 먹기를 다룬 어느 연구는 새끼 각각이 생후 며칠 안에 하나나 두 개의 특정 젖꼭지만 빨기 시작하면서 새끼들 사이에 "젖꼭지 질서"가 신속하게 확립된다는 걸 발견했다. 이런 순서가 있음에도, 한배에서 태어난 동기들 사이에서는 젖꼭지를 놓고 많은 씨름이 벌어졌다. 새끼들은 어미의 복부 뒤쪽에 있는 젖꼭지를 사용하는 걸 선호한다. 이 젖꼭지들이 젖을 더 많이 생산한다는 증거는 없지만 말이다. 두 번째 연구는 선호하는 젖꼭지를 찜한 새끼들은 매번 똑같은 젖꼭지로 돌아올 수 있다는 걸 보여주었다. 새끼들은 어미의 냄새 단서와 앞서 젖을 빨 때 자신이 묻혀 놓은 침 냄새를 쫓아와서 그렇게 하는 것 같다.

는 것으로 젖을 빨 기회를 서서히 줄여 새끼들의 젖떼기를 시작한다.

젖떼기

고형식solid food을 먹기 시작할 정도로 소화계가 충분히 성숙해지는 생후 4주부터, 새끼들은 서서히 젖을 줄이고 고기의 양을—반려묘의 경우에는 상업용 새끼고양이용 사료의 양을—늘린다. 떠돌이고양이나 길고양이 어미는 새끼들에게 먹이를 사냥하는 법을 가르치는 과정을 시작한다. 처음에는 새끼들 먹으라고 죽은 먹이를 보금자리에 가져와 입에 넣기에 적당한 크기로 찢어 준다. 다음에는 새끼들이 사냥 솜씨를 "실습"

접시에 담겨 제공되는 반려묘용 사료라는 호사를 누리지 못하는 길고양이의 새끼는 생존을 위해 효과적으로 사냥하는 법을 어미로부터 신속히 배워야 한다.

하도록 반쯤 죽은 먹이를 가져온다. 새끼들의 학습이 느리면, 어미는 킬링 바이트를 직접 보여주면서 새끼들 앞에서 먹이를 신속하게 해치운다. 야생의 새끼고양이는 어미를 지켜보며 빠르게 학습한다. 운동능력이 성숙해진 새끼들은 살아있는 먹잇감을 직접 잡는 데 필요한 민첩성과 조정력을 발전시킨다.

▼ 새끼들은 생후 4주쯤에 도달하면 고형식에 관심을 갖기 시작한다. 집에서 키우는 새끼들의 경우, 부드러운 새끼고양이용 사료를 아주 소량씩 제공하는 것으로 시작해야 한다.

새끼고양이의 성장 ❧

새끼들은 생후 첫 4주간은 어미에게 전적으로 의지한다. 새끼들은 그 기간 동안 급속히 성장한다. 촉각은 태중(胎中)에서 발달해 태어나기 전에 완전히 기능한다. 새끼들이 어미를 향해 직접 나아가는 탄생 첫날부터 매우 중요한 후각은 이후 3주에 걸쳐 서서히 성숙해진다. 미각은 이 발달 단계에서는 덜 중요한 것으로 판단된다.

시각

새끼들은 앞을 보지 못하는 채로 태어난다. 새끼들은 생후 7일부터 10일 사이에 눈을 뜨기 시작하지만, 여기에는 다양한 경우가 있다. 눈을 완전히 뜨기까지 2일이나 3일이 걸리는 경우가 잦다. 암컷은 수컷보다 일찍 눈을 뜨는 편이고, 어린 어미에게서 태어난 새끼들도 마찬가지다. 그 외에, 아비의 유전적 영향이 눈을 뜨는 시기에 꽤나 강한 영향을 준다. 생후 3주가 끝날 무렵, 새끼들은 후각이 아니라 시각을 활용해 어미의 위치를 찾는다.

청각

갓 태어난 새끼의 청각은 제한적이다. 귓바퀴가 납작하게 접혀 있고 관들이 막혀 있기 때문이다. 그것들은 3주나 4주쯤 이내에 서서히 열리고, 그때가 되면 성묘가 그러는 것처럼 귓바퀴를 독립적으로 움직일 수 있다.

생후 첫 몇 주는 새끼고양이가 신체적으로나 정신적으로나 급속히 성장하는 기간이다. 새끼들은 성묘가 되었을 때 필요할 여러 능력과 기술을 학습하고 발달시킨다.

어린 새끼들은 체온을 유지하기 위해 보금자리의 따스하고 안락한 환경에 의지한다.

체온조절

생후 첫 3주 내내, 새끼는 자기 체온을 조절하지 못하고, 일정한 체온을 유지하기 위해 어미와 동기들의 온기에 의지한다. 그 이후에는 체온을 조절할 수 있게 되면서 생후 7주쯤 무렵에는 성묘 수준의 체온 조절 패턴을 발달시킨다.

플레멘

후각능력은 태어날 때부터 잘 발달되어 있지만, 성묘가 사회적 후각 커뮤니케이션(61페이지를 보라)을 할 때 사용하는 플레멘 반응 또는 입 벌리기gaping는 생후 5주경이 될 때까지는 발현이 시작되지 않는다. 이 반응은 생후 7주 무렵에 완전히 발달한다.

운동능력

새끼고양이의 균형기관(41페이지에서 묘사한 전정기관)은 탄생 이전에도 완전히 성숙되어 있다. 하지만, 새끼의 운동능력은 덜 발달되어 있다. 생후 첫 2주 동안, 새끼고양이는 허우적거리거나 기어 다니기만 할 수 있다. 걷는 능력은 3주 때 발달하기 시작하고, 4주 무렵이면 새끼고양이는 한동안 보금자리를 떠나 돌아다니면서 동기들과 놀기 시작한다. 한배에서 태어난 동기들이 있는 한 이런 사회적 놀이는 계속된다(100페이지를 보라).

뜀박질 능력은 생후 5주쯤에 발달하고, 생후 6주나 7주 무렵이면 성묘가 보여주는 운동패턴을 수행할 수 있다. 고양이가 추락하는 동안 몸을 돌려 발로 착지하게 해주는 공중 정위반사(40페이지를 보라)는 생후 4주쯤에 발달하고 이후 2주 동안 향상된다.

사회화와 놀이 ❧

고양이의 사회화를 다루는 대부분의 연구는 민감기(sensitive period, 121페이지를 보라)로 알려진, 이상적으로는 생후 2주에서 7주 사이의 특정한 발달 기간 동안 일어나는 인간을 향한 고양이cat-to-human의 더 신중한 사회화에 초점을 맞춰 왔다. 고양이를 향한 고양이cat-to-cat의 사회화는 한 배에서 태어난 새끼들 사이에서 생후 첫날부터 자연스럽게 일어난다. 새끼들이 좋아하는 젖꼭지에 접근하려 애쓰면서 서로를 타고 오르고, 젖을 빨 때 단체로 가르랑거리며 함께 누워 있는 동안 말이다. 새끼들은 성장하는 동안 보금자리라는 상대적으로 안전한 환경에서 서로서로 놀고 상호작용하기 시작하며, 나중에 성묘가 되었을 때 가질 만남에 필요한 사교기술을 서서히 배워 나간다. 단독생활을 한 집고양이의 조상들조차 어렸을 때는 사회적 경험이 필요하다. 동기들과 함께 적절한 행동 신호를 배우고, 어미와 함께 독자적인 생존을 하는 데 필요한 사냥기술을 배우는 식으로 말이다.

외동이 된 새끼고양이

질병이나 다른 동물에게 잡아먹히는 등의 상황 때문에 한배에서 난 새끼들 중에서 딱 한 마리만 살아남는 일이 가끔씩 생길 수 있다. 그런 "외동" 새끼고양이는 동기가 있는 새끼들보다 사회적 상호작용을 위해 어미에게 훨씬 더 의존한다. 어미는 홀로 남은 새끼와 더 많이 놀아주는 게 보통이다. 놀이 친구가 없는 상황을 보완해 주기 위해서다. 어린 새끼고양이가 하는 거칠고

다른 고양이들과 교류하는 법을 배우는 것은 새끼고양이의 발달에서 중요한 부분이다. 이 새끼고양이 두 마리는 사회적 놀이 중 하나인 쫓기 놀이를 하고 있다(100페이지를 보라).

외동 새끼고양이는 규모가 큰 한배에서 난 새끼고양이들 사이에서 자연스럽게 이루어지는 새끼고양이와 새끼고양이 사이의 사회화 기회를 놓친다. 그래서 사교기술을 가르치는 어미에게 더 많이 의지한다.

위험한 놀이에 대한 어미의 인내력은 그리 크지 않지만 말이다.

놀이

동물의 놀이행동은 오랫동안 과학자들의 많은 주목을 받았다. 먹이 주기나 그루밍 같은 행동의 목적이 그리 명백하지 않다는 점은 특히 매력적이었다. 동물들은 때때로 순전히 재미 때문에 놀이를 하는 듯 보인다. 결정적이고 확고한 설명을 내놓는 건 어렵다는 게 입증되었다. 그렇지만 놀이는 새끼들이 이후에 평생토록 다른 고양이와 교류하고 사냥에 필요한 기술들을 갈고닦는 걸 도와준다. 새끼고양이의 놀이 활동 수준과 그 뒤에 이어지는 사냥 능력 사이에 상관관계는 전혀 없지만 말이다. 세 가지 상이한 놀이 형태가 관찰되었다. 다른 고양이나 고양이들과 하는 놀이(사회적 놀이social play), 무생물 표적을 겨냥한 놀이(물건을 갖고 하는 놀이object play), 그리고 딱히 특별한 걸 겨냥하지 않은 놀이(혼자서 하는 놀이self play). 많은 놀이행동 패턴이 사회적 놀이에서 물건을 갖고 하는 놀이로 바뀌는데, 나중에는 포식 행동에서 그런 패턴을 볼 수 있다.

　새끼들은 한바탕 뛰노는 동안 신체적으로 서로를 가까이 접촉한다. 성묘들이 벌이는 싸움에서 보이는 행동 패턴을 닮은 요소를 일부 갖춘 놀이는 두 고양이의 갈등이 그런 수준까지 비화되는 걸 피하게 해주는 메커니즘을 갖고 있다는 점에서 중요하다. 새끼고양이들이 입을 절반쯤 벌리는 "놀이 표정play face"을 활용하는 것은 지금은 노는 시간이니 심각해지지 말자는 신호를 보내는 것으로 판단된다. 새끼들은 공격자와 수비자의 역할을 자주 바꾼다.

물건을 갖고 하는 놀이

새끼고양이는 생후 7주쯤이 돼서야 진지하게 물건들을 갖고 놀기 시작한다. 새끼들은 그 나이 때부터 눈-발eye-paw 조정 능력이 향상되면서 물건을 갖고 하는 놀이를 더 자주 하게 되고, 작은 물건들을 다룰 수 있게 된다. 믿기 어려울 정도로 호기심이 많은 새끼고양이는 움직이지 않는 신기한 물건을 조사하는데, 처음에는 망설이며 물건의 주위를 돌면서 킁킁 냄새를 맡는다. 새끼고양이는 어느 시점에 용기를 내 앞발로 물건을 찌르거나 때린다. 물건을 공중으로 띄우고 입으로 잡는 짓을 자주 하고, 가끔은 그걸 던지고는 다시 쫓아간다.

▼ 이 새끼고양이 두 마리는 사회적 놀이를 하고 있다. 태비는 "배를 까고" 누워 있는 반면(상자를 보라), 검정 새끼고양이는 "기립" 자세를 취하고 있다.

생후 4주 무렵 운동능력이 발달하기 시작하고 움직임이 더 자유로워지면, 새끼고양이는 동기들과 한바탕 놀이를 벌이기 시작한다. 그 모습은 조율이 되지 않은 혼란 그 자체로 보일 테지만, 새끼고양이들이 하는 터무니없는 행동에는, 놀이 친구가 보이는 반응에 따라, 의식ritual의 수준으로 격상된 다양한 질서로 한 데 묶을 수 있는 특정한 행동 패턴이 들어 있다.

- 배 까고 눕기belly-up ─ 등을 깔고 누운 새끼고양이가 네 발을 공중으로 올리고는, 뒷발로는 걷는 시늉을 하고 앞발로는 놀이 친구를 때린다.

- 기립stand-up ─ 눕기의 반대 자세로, "상대 고양이"가 누워 있는 놀이 친구 위에 서서 친구를 발로 건드리거나 때린다.

- 옆걸음side step ─ 새끼고양이가 등을 구부리고, 꼬리를 뒤집어진 U자 모양으로 말며, 놀이친구를 옆에서 바라보면서 놀이 친구를 향해서나 주위를 향해 걸어간다.

- 덮치기pounce ─ 웅크린 새끼고양이가 뒷다리를 집어넣고 쿵쿵거리다 갑자기 앞으로 돌진한다.

- 곧추서기vertical stance ─ 새끼고양이가 뒷다리로 일어서면서 곧추선 자세를 취한다.

- 추격chase ─ 새끼고양이 한 마리가 다른 새끼를 쫓아 달려간다.

- 수평 도약horizontal leap ─ 등을 구부린 새끼고양이가 꼬리를 말고는 옆걸음을 걷다가 땅에서 뛰어오른다.

- 대결face-of ─ 꽤 가까이 있는 새끼고양이 두 마리가 서로를 골똘히 응시하다 그중 한 마리나 두 마리 모두 상대의 얼굴에 발을 날린다.

건드리면 움직이는 공과 다른 소형 장난감은 쫓아다니는 걸 좋아하고 포식기술을 연습하는, 활기를 주체못하는 새끼고양이에게는 엄청나게 좋은 오락물이다.

움직이는 물건을 갖고 하는 놀이는 추격전으로 이어진다. 그 물건은 탁구공부터 동기의 꼬리까지 무엇이건 될 수 있다. 새끼고양이 대부분은 생후 8주쯤부터 어미를, 그리고 아마도 동기들을 떠나고, 어린 새끼고양이를 모시는 새 집사들은—즉흥적으로 만든 낚싯대나 줄에 매단 장난감 같은—인터랙티브 토이interactive toy를 이용해 놀이를 시켜 주는 것으로 새끼고양이가 자신감을 갖게 도와줄 수 있다(사용한 장난감은 사고로 고양이에게 엉키는 걸 막기 위해 한쪽에 치워 두어야 한다). 새끼고양이는 자기들끼리, 그리고 장난감을 상대로 미친 듯이 노는 것으로 유명하다. 그런데 많은 성묘도 노는 걸 좋아한다. 집사들은 나이 든 고양이가 줄에 매단 장난감이나 캣닙 쥐catnip mouse를 맹렬하게 쫓아다니는 걸 보면서 놀라고 황홀해하는 경우가 잦다. 많은 고양이가 집사들이 주도하는 게임을 즐기고, 놀이요법play therapy은 성묘의 행동문제behavioral problem를 극복하기 위한 도구로 자주 사용된다(142~145페이지를 보라).

혼자서 하는 놀이

가끔씩 혼자 지내는 새끼나 성묘가 활기차게 뛰어다니면서 에너지를 급격히 분출시키는 경우가 있다. 때로는 보이지 않는 물건을 집요하게 쫓고, 자기 꼬리를 쫓기도 하며, 때로는 그냥 날뛰기만 한다. 이런 행동은 혼자서 하는 놀이라고 자주 언급된다.

▶ 인터랙티브 토이는 사람들이 어린 새끼고양이와 시간을 보내게 해주는 엄청나게 좋은 방법이다. 이 장난감은 사람의 손이나 발이 고양이가 덮치는 표적이 되는 걸 막아 주기도 한다.

성묘가 하는 행동 패턴의 발달

그루밍

갓 태어나 보금자리에 있는 동안, 새끼고양이들은 어미로부터 꾸준히 그루밍을 받는다. 어미는 새끼들의 눈과 털이 청결을 유지하도록 씻어준다. 어미의 돌봄은 어미와 새끼들 사이의 사회적 유대감을 돈독하게 해주는 역할도 한다. 새끼고양이들은 그 대가로 성장하는 동안 어미를 핥아주고, 동기들과 서로를 그루밍해 주는 시간을 가지면서 결국에는 어미의 도움 없이도 스스로 그루밍하는 법을 배운다.

고양이는 하루 중 많은 시간을 그루밍을 하며 보낼 수도 있다. 많이 취하는 낮잠을 자다 깨어나자마자 자기 몸을 핥는 일도 자주 있다. 그루밍은 몸통의 앞쪽에서부터 시작되는 게 보통이다. 앞발을 핥고 그걸 씻기 위해 얼굴에 대고 문지르는 것이다. 그러고 나서는 몸통 아래쪽으로 내려가고, 몸을 굽혀서는 중요한 부위로 향한 후, 꺼칠꺼칠한 혀를 활용해 털가죽을 깨끗하게 핥는다. 앙증맞은 작은 앞니로는 털에 달라붙은 때를 조금씩 떼어낸다.

고양이는 깔끔한 걸로 유명하고, 그루밍은 그들이 보내는 시간의 많은 부분을 차지한다. 자신과 새끼들을 열심히 그루밍하는 어미고양이의 경우는 그루밍에 특히 더 많은 시간을 쓴다.

배변

어미는 새끼고양이를 그루밍해 주는 동안 새끼고양이의 항문 부위에 특별한 관심을 기울인다. 새끼들의 생후 첫 몇 주간, 어미는 자기 의지로 배변을 못하는 새끼들을 그루밍해서 소변이나 대변을 보게끔 자극한다. 그런 후 보금자리의 청결 유지를 위해 새끼들의 배설물을 먹는다. 생후 3주가 지난 후, 새끼들은 자력으로 소변과 대변을 보기 시작하고, 어미의 개입은 줄어든다. 집고양이는 구멍을 파고 배설물을 덮는 성향을 타고났다. 새끼고양이는 생후 7주에서 8주 사이에 고양이 변기나 부드러운 바닥 표면을 자연스럽게 긁기 시작한다.

수면

생후 첫 6주간, 새끼고양이는 시간의 약 60퍼센트를 자면서 보낸다. 그런데 이 기간 동안 수면의 양은 일정한 수준을 유지하지만 수면의 유형과 패턴은 변화한다는 걸 여러 연구가 보여주었다. 처음에 모든 잠은 REMrapid eye movement 수면이나 꿈을 꾸는 수면이다. 약 4주쯤 지났을 때, 새끼고양이는 수면 시간의 절반가량만 REM 수면을 경험하고, 나머지 시간은 더 가벼운 비非REM 수면을 잔다. 생후 약 6주쯤 되었을 무렵, 새끼고양이는 운동능력이 늘고 활동 수준이 향상되는 동안 시간의 약 40퍼센트 정도만을 수면에 쓴다. 성묘와 비슷한 수면 패턴은 생후 7주나 8주쯤 되었을 때 자리를 잡는다.

토막잠

고양이는 수면과 관련한 인상적인 능력을 갖고 있다. 하루 내내 짧은 잠을 여러 번 자는 놈들의 패턴은 자연에서 육식동물이 하는, 사냥을 하고 먹잇감을 먹는 기간과 기간 사이에 에너지 수준을 되찾는 식의 라이프 스타일에 잘 어울린다. 이런 라이프 스타일은 사료를 먹으면서 굶주릴 일이 없는 오늘날의 반려묘에게는 덜 중요하겠지만, 그래도 놈들은 여전히 잠을 자는 걸 좋아한다. 새끼고양이의 경우는 어미의 젖을 빠는 시간들 사이에 자연스럽게 잠에 빠져든다.

사냥과 포식 ❧

집고양이는 사람들과 어울리는 것을 통해 필요할 경우 무리에 속해 살아가는 사회적 기술을 충분히 배웠지만, 여전히 혼자서 사냥하는 걸 택한다. 동일한 군집에 속한, 또는 같은 가정에 사는 일부 고양이는 행동 범위가, 그 결과 사냥 범위가 겹친다. 그럼에도 고양이들은 서로를 피해 혼자서 평화로이 사냥할 수 있도록 후각과 다른 단서들을 활용하는 게 일반적이다.

집고양이의 조상인 야생고양이는 박명박모성 동물(어스름할 때 활발히 활동한다)로, 새벽이나 황혼, 밤중에 주로 사냥했다. 여전히 기회주의적인 현대의 고양이들은 지배적인 환경에 어울리게끔 사냥 시간을 조정한다. 무더운 여름에는 밤에 사냥을 하고, 추운 날씨 때문에 낮에 하는 사냥이 더 생산적일 때는 낮에 사냥하며, 집사가 상업용 사료를 날마다 제공할 때는 식사 시간 사이에 사냥을 한다.

사냥 테크닉

고양이는 쫓는 먹잇감의 유형에 따라 사냥 테크닉에 변화를 준다. 많은 고양이가 "앉아서 기다리기sit-and-wait" 전술을 선호하는데, 쥐나 들쥐vole 같은 작은 포유동물을 잡는 데 제일 적합한 전술이다. 설치류가 나타나거나 뛰어 들어갈 가능성이 높은 쥐구멍 같은 장소를 하나 선택해서 한없는 인내심을 발휘하며 마냥 기다리는 것이다. 장기간의 잠복근무를 하다 설치류가 나타나면 덮친다.

새를 잡는 데는 전적으로 다른 접근방식이 필요한데, 주위에 있는 덤불을 통과

이 쥐는 공포로 "얼어붙었다." 고양이는 쥐가 다시 움직이기를 기다리지만, 쥐가 가만히 있을 경우, 고양이는 다른 움직임에 정신이 팔리면서 쥐를 놓칠 수도 있다

먹잇감이 때때로 얼어붙는 이유

고양이의 열띤 추격을 받던 작은 설치류가 있는 힘을 다해 죽어라 달아나는 게 아니라, 관목 아래에 갑자기 얼어붙어서는 꼼짝도 않는 일이 가끔씩 생긴다. 사실, 얼어붙기 freezing는 위협에 대한 본능적인 반응들—"투쟁하거나 도피하거나 얼어붙거나"— 중 하나다. 우리의 직관적인 생각하고는 정반대로 보이지만, 얼어붙기는 빠른 움직임에 고도로 잘 맞춰진 고양이의 시각을 혼란스럽게 만들 수 있다. 사냥감이 충분히 오랫동안 정지 상태를 유지하면, 고양이는 사냥감을 놓칠 수도 있다.

고양이는 유연한 몸을 지면에 낮게 웅크린 후 슬금슬금 이동하다 잠시 멈춰서는, 뛰어난 모든 감각을 총동원해 지켜본 후 먹잇감을 향해 몸을 날린다.

하면서 은밀히 다가가는 게 보통이다. 고양이는 먹잇감에 가까워지려고 낮은 포복 자세로 살금살금 이동한 후, 정지 상태를 잠시 유지하며 다음 동작을 취할 준비를 한다. 뒷다리를 얌전히 옮기고 꼬리를 썰룩거리며 먹잇감을 향해 마지막으로 돌진할 채비를 한 후, 앞발로 먹잇감을 움켜쥐는 동안 뒷발은 계속 땅에 붙이고 있다.

사냥감 해치우기

킬링 바이트는 목덜미를, 때로는 목이나 가슴을 겨냥한다. 사냥감이 죽는 원인은 척수 절단이나 질식, 두개골이나 흉곽이나 척추 골절 등이다. 덩치가 큰 먹잇감은 사냥하기가 더 어렵다. 그래서 고양이는 그 먹잇감과—네 발을 다 써서 놈을 옆으로 굴리며—씨름을 하다 정확하고 효과적인 킬링 바이트로 놈을 해치운다.

고양이는 트인 장소에서 먹잇감을 먹는 걸 선호하지 않는 게 보통이다. 고양이는 자기 보호가 더 잘 되는 상태에서 먹이를 먹을 수 있는 곳으로 장소를 옮기는데, 반려묘의 경우는 집사의 주방으로 가는 경우가 잦다. 고양이는 포유동물을 머리에서부터 아래로, 털이 난 결을 따라가며 먹어치운다. 그리고 새의 경우는 먹어치우기 전에 이빨로 되도록 많은 깃털을 뽑아낸다.

고양이가 먹잇감을 열심히 추격한 후 덮치고 있다. 사냥감이 갑자기 움직이면 고양이는 방금 전에 식사를 했더라도 먹잇감의 추격에 나선다.

굶주릴 일이 없는 고양이가 여전히 사냥을 하는 이유

맛있으면서 영양의 균형이 잡힌 상업용 사료를 정기적으로 먹이면 고양이가 사냥하는 걸 멈출 거라는 논리는 서글프게도 많은 반려묘에 의해 날마다 무시당한다. 집고양이는 포식자로서 본능을 잃지 않았다. 사냥을 하라는 자극은 뇌의 다른 영역들에 의해 통제되는 듯 보인다. 그래서 먹잇감이 내놓는 (소리나 갑작스러운 움직임인 게 보통인) 자극은 그 고양이가 배고픈지 여부와는 무관하게 포식 행위 반응을 끌어낸다.

먹는 걸로 장난치기

그렇지만 굶주림은 일련의 사냥 행위를 마무리 짓는 것과 관련이 있는 듯 보인다. 고양이는 앙심을 품고 행동한다는 얘기를 듣는 경우가 잦다. 먹잇감을 이리저리 던지거나, 심지어 놓아주었다가 다시 잡아 죽이는 식으로 "갖고 노는" 듯 보이기 때문이다. 이건 먹잇감에게 부상을 당할지도 모른다는 두려움과 고양이의 굶주린 상태 사이의 내적 갈등에서 비롯된 행동으로 판단된다. 어느 연구는 배고픈 고양이는 아주 작은 먹잇감은 곧바로 죽이는 반면, 잘 먹은 고양이는 그걸 더 오래 갖고 논다는 걸 보여주었다. 하지만 어린 쥐처럼 덩치가 큰 먹잇감을 마주하면, 아주 배고픈 고양이도 그걸 갖고 "놀" 가능성이 높다. 회피/살해본능 사이의 갈등이 훨씬 더 크기 때문이다.

쥐에 대한 공포

많은 고양이가 능숙한 "쥐 사냥꾼"이 되었지만, 집고양이 입장에서 덩치 큰 쥐를 잡는 건 만만한 일이 아니다. 일부 고양이는 쥐를 두려워한다. 그리고 그 공포는 평생 그대로 남아 쥐를 잡으려는 시도를 결코 하지 않는다. 일반적으로 고양이가 유능한 쥐 사냥꾼이 되는 데에는 어렸을 때 쥐에 대한 경험을 하는 게, 예를 들어 어미가 쥐를 잡는 모습처럼 다른 고양이를 관찰하는 것을 비롯한 경험을 하는 게 필요하다.

덩치 큰 쥐를 잡기 어려운 먹잇감으로 보는 고양이가 많다. 그래서 고양이는 생쥐나 새처럼 덩치가 작은 표적들을 사냥하는 걸 선호한다.

포식이 끼치는 영향

과학자와 환경보호운동가들은 고양이의 포식이 먹잇감의 개체수에 끼치는 악영향을 무척 심각하게 주목해왔다. 고양이가 하는 사냥이 대재앙이나 다름없는 영향을 끼친 곳들이 있다. 우연에 의해서건 의도적으로 그렇게 됐건, 집고양이가 반려묘나 유해 동물을 잡는 사냥꾼으로 도입된 작은 섬에서 그런 일이 일어나는 건 불가피하다. 포식자로서 고양이를 접하지 않고 진화해 온 그 지역 고유종들은 고양이의 만만한 표적으로, 고양이에 맞서 자신들을 방어하거나 고양이를 피할 능력이 없는 경우가 흔하다. 제일 유명한 사례에 속하는 게 뉴질랜드 연안의 스티븐스섬Stephens Island에 서식하던 겁 없는 새인 굴뚝새Lyall's wren다. 이 새는 지금은 멸종되었다. 전하는 얘기에 의하면, 1894년에 등대지기가 키우던 고양이 티블스Tibbles가 굴뚝새를 모두 죽였다고 한다. 책임이 전적으로 티블스에게만 있는지 여부는 알려지지 않았지만, 티블스나 후손들이 이 작은 새를 멸종시켰을 가능성은 커 보인다.

고양이가 섬의 개체군들에 재앙 같은 영향을 주는 건 틀림없지만, 고양이가 본토에 있는 피식종들에게 끼치는 영향의 정도는 상당히 다양하다. 본토에서 고양이가 끼치는 영향을 서식지 상실이나 다른 포식자가 끼치는 영향과 구별하는 건 훨씬 어려운 일일 수 있다. 대부분의 포식에 책임이 있는 집고양이 유형을 염두에 두는 것도 중요하다. 예를 들어, 길고양이는 생존을 위해 야생 먹잇감에 의존하는 일이 잦고, 그래서 반려묘보다 훨씬 더 철저하게 사냥에 나선다. 많은 야생동물을 죽이는 책임이 고양이에게 있는 건 확실하다. 고양이는 대륙에 서식하는 일부 종의 개체수를 감소시키는 원인이다. 하지만 정확한 수치를 측정하는 건 어렵다. 고양이의 포식 행동이 특정한 지역에서, 그리고 특정한 피식종에게 미치는 영향에 대해 수행한 연구들이 더 큰 글로벌 상황을 항상 대표하는 건 아니기 때문이다.

인지와 학습

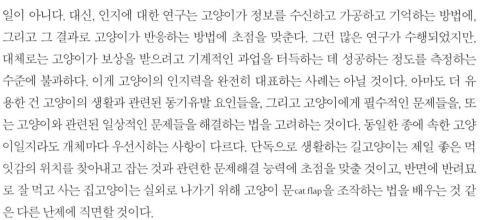

우리가 반려동물에 대해 무척 잘 알고 있다고 생각하
건 말건, 고양이가 하는 생각을 해독하는 건 가능한
일이 아니다. 대신, 인지에 대한 연구는 고양이가 정보를 수신하고 가공하고 기억하는 방법에,
그리고 그 결과로 고양이가 반응하는 방법에 초점을 맞춘다. 그런 많은 연구가 수행되었지만,
대체로는 고양이가 보상을 받으려고 기계적인 과업을 터득하는 데 성공하는 정도를 측정하는
수준에 불과하다. 이게 고양이의 인지력을 완전히 대표하는 사례는 아닐 것이다. 아마도 더 유
용한 건 고양이의 생활과 관련된 동기유발 요인들을, 그리고 고양이에게 필수적인 문제들을, 또
는 고양이와 관련된 일상적인 문제들을 해결하는 법을 고려하는 것이다. 동일한 종에 속한 고양
이일지라도 개체마다 우선시하는 사항이 다르다. 단독으로 생활하는 길고양이는 제일 좋은 먹
잇감의 위치를 찾아내고 잡는 것과 관련한 문제해결 능력에 초점을 맞출 것이고, 반면에 반려묘
로 잘 먹고 사는 집고양이는 실외로 나가기 위해 고양이 문cat flap을 조작하는 법을 배우는 것 같
은 다른 난제에 직면할 것이다.

관찰 학습

우리는 새끼고양이가 거의 태어나자마자 학습을 시작한다는 걸 안다. 새끼들은 각자가 선호하
는 젖꼭지로 가는 길을 알아내려고 후각적 단서들을 기억한다. 성장하는 동안, 새끼고양이는 어
미를 관찰하면서 새로운 기술들을 배운다. 초기에 행해진 어느 연구는 레버를 누르면 그 대가로
사료가 나온다는 것을 어미가 행동으로 보여주면, 새끼고양이는 그런 어미의 행동을 관찰하는

고양이 입장에서 투명 플라스틱 고양이 문을 코로 밀어서 연다는 개념은 선천적인 게 아니다. 약간의 보상을 주면서
다정하고 설득력 있게 조련하는 것이 고양이가 이 테크닉을 배우는 데 도움이 된다.

걸 통해 레버를 작동시켜 사료를 얻는 법을 배울 수 있다는 걸 보여주었다. 그렇지만 새끼고양이가 그런 사실을 스스로 궁리해내도록 놔뒀을 경우 그 과업을 수행하는 경우는 드물었다. 자연 상태에서, 관찰 학습observational learning이나 사회적 학습은 어미가 새끼들에게 반쯤 죽은 먹이를 보금자리로 가져와 사냥하는 법을 가르칠 때 일어난다. 새끼고양이는 어미가, 또는 동기들이 먹잇감을 죽이는 걸 지켜본다. 성묘도 관찰 학습을 할 수 있다. 어떤 고양이가 학습된 반응을 수행하는 걸 관찰하는 것보다는 다른 고양이가 과업을 실제로 배우는 걸 지켜보는 것이 훨씬 더 효율적이다.

조련

쌀쌀맞고 학습에 관심이 없다는 명성과는 반대로, 고양이는 실제로는 조련이 가능하다. 고양이는 사람들에게 재미를 주는 괴상한 재주를 수행하는 것 외에도, 본질적으로 그들에게는 부자연스러운 상황—예를 들어, 동물병원을 방문하려고 고양이 캐리어에 들어가 이동하기—에 적응하는 법을 학습할 수 있다. 고양이를 조련하는 방법 하나는 "클리커 clicker"나 그와 비슷한 장비를 사용하는 것이다. 우선은 클리커에서 나는 딸깍 소리는 맛있는 간식과 관련이 있다는 걸 가르친다. 두 사건 사이의 상관관계가 확고히 자리를 잡고 나면, 갈수록 바람직한 행동을 닮아가는 보상행동 패턴에 보상을 주면 된다.

대상 연속성

어떤 물체가 시야에서 사라졌을 때, 고양이 입장에서 그 물체는 여전히 존재하는 걸까? "대상 연속성object permanence"이라는 개념에 대한 연구들은 고양이가 이런 상황에서 해당 물체를 머릿속에서 시각화하고 마지막으로 그 물체를 본 곳에서 그걸 찾으려 들 수 있다는 걸 보여준다. 이건 선천적으로 생존을 위해 사냥에 의지하는 종에게 중요한 능력이다. 피식종들은 가능하면 어느 곳이 됐건 몸을 숨길 은신처로 활용하는 게 전형적이다. 고양이의 작업 기억working memory 은 30초가량이다. 바로 이것이 꼭꼭 숨은 쥐를 놓치지 않고 쫓는 게 어려운 일일 수도 있는 이유다.

▶ 조련 시간이 지나치게 길지 않고 고양이가 학습을 수용하려는 기분일 때 가진 조련 시간은 집사와 고양이 모두에게 보람 있는 시간이 될 수 있다.

제4장

고양이와 인간

고양이를 향한 태도 ～

오늘날 집고양이는 서구세계에서 제일 인기 좋은 반려동물이지만, 역사적으로 늘 그랬던 건 아니다. 비옥한 초승달 지대에서, 그리고 숭배되고 애지중지되던 고대 이집트(1장을 보라)에서 쥐를 잡는 소중한 일꾼으로서 인간과 관계를 처음 시작한 이후로, 고양이의 팔자는 몇 세기를 내려오는 동안 숭배되고 보호받다 박해받는 식으로 급격히 바뀌었다.

신천지

고양이는 이집트로부터 퍼지면서 세계의 새로운 지역들에서 환영을 받았다. 고대 인도에서 고양이는 비옥함의 여신이자 아이들의 보호자로, 이집트에서 바스테트 여신이 숭배받던 것과 비슷한 방식으로 숭배받은 샤슈티Shashti와 관련을 맺게 되었다. 중국의 이수Li Shou는 의인화된 또 다른 고양이 신으로, 설치류를 통제하는 일에 그녀의 도움을 받고 싶어 하는 농부들의 숭배 대상이었다. 일부 고양이 개체군은 보호를 받았다. 예를 들어, 버마의 사찰에서 기른 고양이들—버미즈 품종의 조상들—은 신성한 존재로 여겨졌다. 고양이의 긍정적인 이미지는 세계의 많은 다른 지역에서도 지속되었다. 예를 들어, 노르웨이의 사랑과 비옥함의 여신 프레이야Freya는 커

다란 고양이 두 마리가 끄는 마차를 타고 여행을 다니는 것으로 묘사되었는데, 이 고양이들은 노르웨이 숲고양이의 조상들로 판단된다. 바이킹은 프레이야와 그녀가 상징하는 모든 것을 숭배했다. 그래서 고양이들이 바이킹시대에 유럽 곳곳을 안전하게 다닐 수 있도록 도와주었다.

노르웨이의 여신 프레이야("숙녀The Lady")가 탄 마차는 노르웨이 숲고양이—덩치가 크고 힘이 좋으며 체구가 탄탄한 품종—를 닮은 고양이 두 마리가 끌었다.

『그림 형제 동화The Fairy Tales of the Brothers Grimm』(1909)
에 실린 "요린다와 요린겔Jorinda and Joringel" 이야기를 위
해 아서 래컴Arthur Rackham이 그린 삽화로, 검정고양이로
변한 마녀를 묘사하고 있다.

흑사병

전염병은 중세 유럽에 닥친 재앙이었다. 게다가 역학
疫學에 대한 지식이 없던 시대였던 탓에 전염병이 어
떻게 퍼지는지는 미스터리로 남았다. 이미 악마와,
그리고 사악한 모든 짓과 결부된 이미지를 얻었던
고양이를 14세기부터 17세기까지 너무나 많은 사람
의 목숨을 앗아간 팬데믹pandemic 전염병의 원인으
로 탓하는 사람이 많았다. 이게 고양이를 도살하고
박해한 또 다른 핑계였다. 불행히도, 고양이를 제거
하는 행위는 자기도 모르는 사이에 문제를 악화시키
는 짓이었다. 곰쥐(라투스 라투스)의 선천적 포식자인
고양이의 수가 줄어드는 것은 쥐가 더 많아진다는
뜻이었고, 그 결과 설치류가 옮기는, 전염병을 퍼뜨
리는 벼룩도 늘어났다.

바뀐 팔자

하지만 시간이 흐르는 동안, 비非기독교적인
신들에 대한 숭배가 줄어들기 시작했다. 기
독교가 유럽에 퍼지기 시작했는데, 13세기경
에는 집고양이의 팔자가 확연하게 바뀌었다.
고양이는 신화와 미스터리, 마술과 관련된
이미지를 얻었고, 비기독교적인 믿음들 탓에
고양이에게는 악마의 대리인이라는 낙인이 찍히고 있었다. 중세시대 내내, 그리고 근대 초기까
지 마녀는 박해를 받았고, 고양이는, 특히 검정고양이는 고문을 받고 가차 없이 살해되었다. 마
녀들이 실제로 고양이로 탈바꿈해 악랄한 짓을 저지른다고 믿는 사람들이 있었고, 고양이를 마
녀의 사악한 조수나 마녀와 "친한" 존재로 여기는 사람들도 있었다. 고양이는 여성들이 부리는
간계와 마술, 섹슈얼리티하고도 결부되었다. 고양이를 보호했던 고대 이집트인들하고는 180도
다르게, 중세시대 유럽 사람들은 떠돌이고양이를 만나면 살해하거나 불구로 만들어야 한다는
얘기를 들었다. 고양이만 무척이나 잔혹한 대우를 받았던 건 아니다. 다른 동물들은 스포츠와
싸움, 서커스에서 부리는 재주의 형태로 행해지는 오락의 근원이나 짐을 나르는 짐승으로 간주
되었다. 그렇지만 고양이는 기독교의 축하 행사가 열리는 동안 산채로 고문을 받고 심지어는 화
형을 당하는 고초를 겪었다.

중세시대 유럽 이외 지역의 태도

집고양이 입장에서는 다행히도, 고양이는 유럽 이외의 지역에서는 존경받는 지위를 유지했는데, 종교와 결부된 덕에 그런 경우가 잦았다. 예언자 무함마드Muhammad는 그의 무릎에 누워 잠을 자는 고양이 무에자 Muezza를 방해하지 않으려고 자신이 입는 예복의 소매 하나를 잘랐다는 말이 있다. 이 이야기와 다른 이야기들은 고양이와 예언자 사이의 끈끈한 관계를 보여준다. 무함마드는 고양이를 기독교 유럽에서 놈들의 친척들이 경험한 공포로부터 보호했다.

극동에서도 고양이는 신성한 존재로 남았다. 부분적으로는 살아있는 생명체를 해치면 절대로 안 된다는, 더 구체적으로 살펴보면 고양이의 몸은 대단히 영적인 사람의 영혼이 일시적으로 휴식을 취하는 곳이라는 불교의 믿음 덕분이었다.

모든 동물을 지각이 있는 존재로 여기는 불교 문화권에서는 고양이를 늘 보호했다.

고양이는 6세기에 중국을 통해 일본에 당도한 것으로 판단된다. 일본에서 고양이는 종이를 갉아먹는 설치류를 잡아먹는, 불경佛經의 수호자로 길러졌다. 고양이는 오랫동안 대단히 귀중한

『고양이 시집』

『탐라 마에우Tamra Maew』(『고양이에 대한 논문 Treatise on Cats』 또는 『고양이 시집Cat-Book Poems』)가 담긴 원고 뭉치는 1300년대 중반부터 1700년대 중반 사이의 어느 시기에 태국에서 비롯된 것으로 믿어진다. 이 글은 고양이 품종들을 기록하면서 그중 17종을 "상서로운" 품종으로, 여섯 종을 "불길한" 품종으로 묘사했다. 이 유명한 작품은 이 시기 동안 고양이가 좋은 대우를 받도록 장려하는 데 큰 몫을 해냈을 것이다.

▲『고양이 시집』에 실린, 고양이 두 마리를 그린 삽화. 타이 품종을 묘사한 원고에 함께 실렸다.

고양이가 중국에 퍼질 때 얼마나 존중을 받았는지를 보여주는 19세기 색色판화. 선술집에서 사내들 무리가 장기를 두는 동안, 고양이 한 마리가 구경꾼의 무릎에서 몸을 말고 있다.

반려동물로 길러졌다. 귀족들만이 고양이를 키울 경제적 여유가 있었지만, 고양이는 서서히 널리 퍼졌다. 17세기 초, 설치류로부터 양잠산업을 구하려는 노력의 일환으로 하달된 정부의 명령에 따라 민간의 가정들은 고양이를 모두 풀어주었다.

고양이는 세계 어디에서나 전설과 설화에서 마술과 관련된 특징을 가진 존재로 간주되었다. 어느 페르시아 이야기는 최초의 페르시안 새끼고양이가 마술의 선물로 탄생하게 된 과정을 들려준다. 어느 마술사가 강도를 당할 뻔한 자신을 구해준 영웅 루스툼 Rustum에게 감사의 표시로 이 고양이를 만들어 주었다는 것이다.

속담에 등장하는 고양이

고양이는 세계 전역의 속담들에서도 자신의 자리를 찾아냈다. 많은 속담이 사람들이 무척 흥미롭다고 여기는 고양이의 특징들을 거론한다.

자립 성향/쌀쌀맞음
"고양이한테 명령했더니 고양이는 그 명령을 제 꼬리에 전했다." —중국

고상함/유연함
"스트레칭이 재산이라면, 고양이는 부자가 되었을 것이다." —아프리카

사냥 솜씨
"많은 쥐보다 고양이 한 마리를 먹이는 게 낫다." —노르웨이

문화에 등장하는 고양이 ﾟ◦

아주 이르게는 이집트의 무덤 벽화부터 현대의 미디어와 광고에 등장하는 모습에 이르기까지, 고양이는 오랫동안 예술가들에게 영감을 주는 존재였다. 고양이는 세계 전역에서 대량 서식하는 동안 서서히 많은 상이한 예술 형식에 등장했다.

동양 미술에 등장한 고양이

고양이는 일본의 에도시대(1615~1867)에 화가와 판화가, 서예가의 모델이 되면서 예술작품에 빈번하게 등장했다. 예를 들어, 집 안에서 사는 반려동물로서 고양이를 보여주는 목판 인쇄물이 많이 존재한다. 중국에서도 비슷한 시기의 미술 작품들이 고양이를 딱 고양이처럼 묘사하면서 고양이다운 특징들이 얼마나 높은 평가를 받았는지를 보여준다.

고양이가 유럽에서 맞은 르네상스

중세시대가 저물 무렵 마녀사냥이 시들해지면서, 유럽에서 집고양이가 차지하는 사회적 위상이 느리게나마 향상되기 시작했다. 고양이의 초기 애호가 중에는 미술가와 작가들이 있었는데, 그들의 작품은 고양이를 더 유행하게 만들었다. 네덜란드와 프랑

▶ 이 19세기 중국의 수묵화—허곡虛谷, Xu Gu이 그린 〈접묘도蝶貓圖〉—는 정원에서 나비를 쫓는 고양이를 보여준다.

▲ 이탈리아 출신 화가 암브로시우스 벤슨Ambrosius Benson의 작품으로, 고양이를 무릎에 앉힌 부유한 네덜란드 여성을 그린 16세기 유화 초상화.

스의 거장들은 고양이를 안고 몸을 젖힌 여성들의 초상화를 그렸고, 이상적인 가정의 모습을 그린 그림에 고양이를 더 자주 등장시켰다.

행운의 고양이

마네키네코招き猫 또는 "손짓으로 부르는 고양이"는 일본의 에도시대 말에 처음으로 나타난 후 지속적으로 인기를 누려 온 행운의 부적이다. 재패니즈 밥테일Japanese Bobtail 품종이 바탕인 것으로 여겨지는 이 캐릭터는 많은 일본 설화에 등장한다. 어느 설화는 폭풍을 피해 나무 아래로 들어간 한 남자가 그를 향해 발을 흔드는 고양이를 본 이야기를 들려준다. 암고양이의 발짓을 본 남자는 고양이를 보러 건너갔는데, 바로 그 순간 그가 있던 나무에 번개가 떨어졌고, 남자는 그 덕에 목숨을 건졌다. 마네키네코의 전통적인─그리고 여전히 제일 인기 좋은─색깔은 여기에 보이는 것 같은 칼리코三色다. 부富를 가져다준다는 황금색과 악령을 물리친다는 검정색, 행복과 순수함을 가져다준다는 흰색도 있다.

문학 대리인으로서 고양이

굴을 먹는 고양이 하지Hodge를 키운 걸로 유명한 새뮤얼 존슨Samuel Johnson과 고양이 조프리Jeoffry를 키운 크리스토퍼 스마트Christopher Smart 같은 영향력 있는 작가들도 자신들의 동반자인 고양이 이야기로 사람들의 관심을 끌기 시작했다. 고양이 역시 특유의 청결함을 높이 평가받게 되었다. 스마트는 1763년에 "고양이는 앞발을 쓰는 데 있어 그 어떤 네발짐승보다 깨끗하므로"라고 썼다. 고양이는 사회의 존경을 받는 가족의 반려동물로 받아들여지고 있었고, 그런 가족이 고양이에게 베푸는 보호와 복지가 사회에서 다시금 중요시되었다. 이런 태도의 변화는 대중문학에도 명백히 반영되었고, 고양이가 더 많은 작가와 시인의 묘사 대상이

러디어드 키플링이 『어린이들을 위한 바로 그런 이야기들Just So Stories For Little Children』(1902)을 위해 그린 이 그림은 수수께끼 같은 "혼자 다니는 고양이"를 묘사한다.

됨에 따라, 에드워드 리어Edward Lear의 「올빼미와 고양이The Owl and the Pussy Cat」(1871)에서 고양이가 기가 막히게 묘사된 것에서 보듯, 고양이의 팔자는 한결 더 나아졌다. 고양이가 얼마나 숭배되었는지는 마크 트웨인Mark Twain이 1894년에 공책에 피력한 다음과 같은 의견으로 잘 요약된다. "인간을 고양이와 이종 교배할 수 있다면, 인간은 향상될 테지만 고양이는 퇴보할 것이다."

결국, 고양이는 타고난 신비감과 개성 덕에 높은 평가를 받을 수 있었는데, 러디어드 키플링Rudyard Kipling의 1902년도 저서 『바로 그런 이야기들Just So Stories』에 실린 「혼자 다니는 고양이The Cat that Walked by Himself」는 완벽한 사례다. "그는 집안에 있을 때는 쥐를 잡을 것이고 갓난아기들을 다정히 대할 것이다. 사람들이 그의 꼬리를 너무 세게 잡아당기지 않는 한. 그런데 그런 일을 마친 후에 짬이 날 때, 달이 솟고 밤이 오면, 그는 혼자 다니는 고양이가 되고, 모든 곳들이 그와 비슷해진다."

왕실의 승인

영국의 빅토리아 여왕은 고양이의 열혈 애호가로, 버킹엄궁에서 파란색 페르시안 두 마리를 길렀다. 그리고 그렇게 함으로써 고양이 소유에 왕실의 승인 인장을 찍었다. 그런데 그 시기에 집 고양이를 향한 대중의 관심을 제일 크게 불러일으킨 건 1871년에 런던의 크리스털 팰리스Crystal

검정고양이-행운인가, 액운인가?

검정고양이는 고양이 세계의 수수께끼다. 검정고양이에 대한 신화와 미신이 세계 전역에 있는데, 일부는 긍정적인 얘기고 일부는 부정적인 얘기지만, 그 모두가 검정고양이에게 믿기 힘든 능력을 부여한다. 검정고양이를 마녀와 악마와 결부시키는 역사적인 흐름은 세계 다른 지역들에서 그들과 결부된 미신에 약간 혼란스러운 차이점을 부여했다. 북미와 유럽의 여러 지역에서는 검정고양이를 악의 존재를 대표하는 액운으로 여기는 반면, (왼쪽에서 보듯) 일본과 영국에서 당신이 갈 길을 검정고양이가 가로지르는 건 길조로 여겨진다. 악마가 당신에게 아무런 해도 입히지 않고 지나갔기 때문이다.

Palace에서 열린 제1회 영국 캣쇼English National Cat Show였을 것이다. 당시 미디어에 포착된 "캣 팬시"는 사람들이 신품종을 높이 평가하고 발달시키기 시작하면서 더욱더 거세졌다. 이 주제는 6장에서 상세히 다룬다.

마음속의 야성

슬프게도, 세계의 일부 지역에서, 고양이에 대한 태도는 다시금 하향곡선을 타고 있다. 고양이는 호주와 뉴질랜드를 비롯한, 고양이가 천연 포식자가 아닌 지역에 당도하면서, 어쩌면 자신이 거둔 성공의 희생자가 되었다. 집고양이는 사냥 본능을 잃지 않았고, 그러면서 많은 토착종의 개체수 감소와 손실의 원인이라는 비난을 갈수록 많이 받고 있다. 그런 나라에 고양이를 처음 도입한 책임자인 인류는 현재 사냥꾼으로서 고양이가 보여주는 효율성이 자연에 끼치는 영향을 줄일 방법이라는 문제에 직면해 있다(107페이지를 보라).

호주 서부의 아웃백outback에 사는 이런 길고양이는 생존하기 위해 사냥을 해야 한다. 그렇지만 고양이는 많은 곳에서 그들의 먹이가 되는 동물 종들의 개체수가 줄어들게 만드는 원인으로 지목되고 있다.

고양이-인간의 관계 ❧

고양이-인간의 관계는 비옥한 초승달 지대의 곡
식 창고와 마을들 주위에서 머뭇머뭇 시작된, 서로
에게 이로운 초기의 관계로부터 먼 길을 걸어왔다(22페이지를 보라).
그 길 어딘가에서, 고양이를 숭배하다 박해한 시기 사이에, 고양이는 우리와 소통하는 법을 배
웠다. 단독생활을 하는 성향을 제쳐두고 다른 고양이들을 감내하는 법을 배워야만 했던 것처
럼, 고양이는 인간과 어느 때보다도 가까운 거리 안에서 살아가는 법에 적응하기 시작했다. 인
간과 동고동락하기 위해, 고양이에게는 인간과 편안하게 교류하고 인간의 주위에 있을 수 있는
능력―"사회화socialization"로 알려진 과정―이 필요했다.

인간을 향한 사회화

많은 동물의 성장기에는 동종에 속한 개체들과 다른 종에 속한 개체들에게 사회화하고 그들과
함께 있어도 편안하게 느낄 수 있도록 동종의 개체들과 이종의 개체들을 만나야 하는 중요한

지나가는 행인이 주는 먹이를 먹는 이 두 마리 떠돌이고양이조차 사람들이 제공하는 먹이를 이용해 생존하기 위해서
는 인간과 어느 정도 상호작용할 수 있어야 한다.

시기가 있다. 과학자들은 성묘가 인간을 다정하게 대하게 만들려면 생후 2주부터 7주 사이에 인간의 손을 타게 만들어야 한다는 걸 보여주었다. 새끼고양이 발달의 "민감기"로 알려진 이 시기는 현대 세계에서 성체가 된 고양이들이 인간의 곁에서 어떻게 하면 행복하게 살아갈 수 있을지를 묘주들과 브리더들에게 교육할 때 중요한 시점이 되어 왔다. 생후 8주경까지 사람의 손을 전혀 타지 않은 새끼고양이는 인간과 관계를 발전시킬 가능성이 별로 없다. 그런 고양이는 자연에서는 길고양이가 되는 게 보통이다. 슬프게도, 길고양이

습관화

초기의 사회화와 더불어, 어린 새끼들에게 일상적인 자극—새끼들이 성장하고 새집으로 이사할 때 더 많이 마주칠 가능성이 큰 물건과 소리, 냄새—을 소개하고 익숙해지게 만드는 것도 중요하다. "습관화habituation"로 알려진 이 과정에는 옷감에서 모은 냄새들, 진공청소기와 세탁기에서 나는 소리들, 상이한 유형의 바닥 표면, 종이봉지와 상자처럼 고양이들이 조사하게 될 일반적인 집안 물건들이 포함될 수 있다.

나 떠돌이고양이로 태어난 많은 새끼고양이가 사회화시키기에 충분히 이른 시기에 발견돼 사람의 손을 타지 못한다. 어미고양이 자신이 사회화되지 않은 개체라면 특히 더 그래서, 새끼들 역시 사람을 멀리하게 된다.

민감기에 사회화를 시작하는 게 중요하기는 하지만, 그 시기가 명확한 출발점이자—사회화가 이 기간 내에 시작된다고 가정할 때—결승점이 되지는 않는다. 사회화는 새끼고양이가 성묘로 자라는 동안 계속되고, 그러면서 고양이는 어린 시절에 어울렸던 사람들과 긍정적인 관계를 쌓아간다.

이 어린 새끼고양이들이 어린 나이에 그들에게 소개돼 그들을 다루는 인간에게 잘 사회화된 성묘로 성장하기를 바란다.

일찍이 새끼고양이일 때부터 빈번하게 사람의 손을 타면, 그리고 상이한 사람들을 많이 만나면, 이 고양이처럼 소심한 고양이도 집사에게 우호적이고 사랑으로 보답하는 반려묘로 변할 수 있다.

사회화에 영향을 주는 요인들

새끼고양이가 민감기에 사람을 접하더라도 사회화의 성공은 다음과 같은 많은 요인에 달려 있다는 걸 여러 연구가 보여주었다.

1. 사람이 새끼고양이를 더 많이 다룰수록 새끼고양이는 사람에게 더 친근해질 것이다. 하루에 40분 이상 새끼고양이를 다루면 15분만 다룰 때보다 더 친근해진다. 그러나 다루는 시간이 1시간을 넘어가면, 시간이 늘어난다고 해서 이 효과가 한층 더 증대되지는 않는다.
2. 고양이를 다루는 사람의 수도 중요하다. 새끼고양이를 다루는 사람이 많을수록, 새끼고양이는 장래에 새로 만나는 사람을 더 잘 받아들일 것이다.
3. 마지막으로, "사람"이라는 게 실제로 어떤 존재인지에 대한 인상의 폭을 넓히기 위해 새끼고양이를 여성과 남성, 아이, 어른에게 두루 소개하는 것도 중요하다.

유전자의 영향

조기 사회화를 제외한 다른 요인들도 고양이가 인간과 맺는 관계에 영향을 줄 수 있다. 예를 들어, 어미는 새끼고양이가 필연적으로 모방하게 될 행동을 직접 보여주는 것을 통해, 아비의 기질이 새끼고양이의 행동에 뚜렷한 영향을 준다는 게 밝혀진 걸 보면, 유전적인 요인도 새끼고양이가 인간에게 친하게 구는 정도에 영향을 줄 수 있다. 인간에게 더 우호적으로 구는 아비들은 민감기 동안 사회화가 일어날 때 더 우호적으로 구는 새끼들을 낳았다. 집고양이 수컷은 자식들의 양육에 관여하지 않으므로, 이건 유전되는 특징인 게 분명하다.

대담한가, 소심한가?

고양이의 성격과 그걸 측정하는 방법은 복잡한 주제고, 숱한 논쟁을 낳은 주제다. 대부분의 연구는 새끼고양이들이 아비로부터 다른 생명체에 "우호적"이거나 "비우호적"인 유전자를 물려받는 게 아니라, "대담"하거나 "소심"하게 구는 경향을 물려받는다는 데 동의하는 듯하다. 대담한 고양이는—인간을 비롯한—새로운 대상에 접근할 가능성이 더 크고, 새끼고양이였을 때 겪는 사회화의 민감기 동안 사람들이 쏟는 관심을 더 잘 받아들이는 편이다. 이런 결과는 그들을 더 "우호적인" 고양이로 만드는 결과를 낳는다. 소심한 새끼고양이들도 시간과 인내심을 갖고 많이 다루어 주면 소심함을 이겨내면서 마찬가지로 우호적인 성묘로 변신할 수 있다. 새끼들이 성장해서 어미 곁을 떠나는 동안, 고양이는 광범위한, 긍정적이고 부정적인 새 경험에 직면하고, 이런 경험들은 그들이 초기에 인간에게 가진 인식을 강화하거나 바꿔놓을 것이다. 이런 식으로 유전적 요인과 환경적 요인이 합쳐져 인간의 곁에서 편안해하는 정도가 다양한 고양이들을 낳는다.

인간의 행동이 끼치는 영향

집에서 기르는 고양이와 하는 상호작용은 관련된 가족의 연령과 성별에 따라 다양할 수 있다. 예를 들어, 여자는 고양이와 상호작용할 때 바닥을 향해 몸을 낮출 가능성이 큰 반면, 남자는 고양이와 상호작용할 때 앉은 자세를 유지하는 편이다. 어른들은 상호작용을 하기 전에 고양이에게 말을 걸어 고양이에게 기분에 따라 어른에게 다가오거나 멀어질 기회를 주는 경향이 있다. 반면, 아이들은 이 부분을 건너뛰는 편으로, 고양이에게 직접 접근하는 일이 잦다. 이럴 때 고양이는 자기 성격과 이전에 아이들을 겪으면서 한 경험에 따라 복합적인 반응을 보일 수 있다.

작동하는 변수가 무척 많은 상황에서, 반려묘와 묘주 사이의 관계가 엄청나게 광범위하다는 사실은 놀랍지 않다. 많은 고양이가 그들의 집사를 쉴 곳과 먹이를 베푸는 편리한 제공자로 간주한다. 그러면서 집을 떠나 많은 시간을 보내다가 시간이 쏜살같이 흐른 뒤에야 간식을 먹으려고 집에 돌아온다. 다른 고양이들은 창턱에 자리를 잡고 집사들이 귀가하기를 끈기 있게 기다리다 집사가 돌아오면 그 뒤를 따라 돌아다니다가 집사가 자리에 앉으면 무릎에 올라가 몸을 만다.

우리의 고양이는 진정으로 우리를 사랑할까?

고양이가 생전 처음 보는 사람보다는 집사와 상호작용하는 걸 더 선호한다는 것을, 그리고 낯선 사람의 목소리보다는 집사의 목소리에 더 잘 반응한다는 것을 보여준 연구가 있다. 일부 고양이는, 특히 족보 있는 특정 품종들은 집사에 대한 강한 애착을 키우기 때문에 혼자 있게 되면—부적절한 배변 행태, 지나치게 울기, 과한 그루밍을 비롯한 다양한 방식으로 표현되는—분리 불안 separation anxiety에 시달린다.

고양이가 집사에게 갖는 애착의 정도는 엄청나게 다양하다. 이런 애착의 상당 부분은 개체의 성격과 조기 양육 때문이지만, 집사와 그들이 상호작용하는 방법도 이런 애착을 좌우한다.

고양이가 우리와 교류하는 방법 ᗑ

고양이는 다른 고양이들과 소통하면서 되도록 둥글둥글 살기 위해 어쩔 도리 없이 사회적 신호 social signal 시스템을 발전시켰다(3장을 보라). 개처럼 고도로 사회적인 생활을 하는 일부 종의 그 것처럼 복잡한 시스템은 아니지만 말이다. 고양이가 인간과 소통하려고 사용하는 신호는 모두 고양이-고양이 커뮤니케이션에서 파생된 것이다.

꼬리 세우기

고양이에게 꼬리 신호는 이상적인 커뮤니케이션 방법이다. 그리고 더 미묘하기 때문에 해석하기가 쉽지 않은 표정 신호에 비해 상대적으로 명백하고 모호하지 않은 신호다(87페이지를 보라). 고양이 무리에서 꼬리를 세우는 행위는 개체들끼리 우호적인 상호작용을 하기에 앞서 자주 등장한다. 고양이-인간의 맥락에서, 고양이는 꼬리를 세우는 신호를 비슷한 방식으로 사용하는데, 고양이가 한동안 헤어져 있던 사람을 다시 만날 때 자주 볼 수 있다. 고양이는 사람에게 다가오면서 꼬리를 올릴 것이다. 이건 인사의 한 형태다. 이때 꼬리의 끝부분이 약간 말리는데, 이건 고양이가 행복하고 편안하다는 뜻이다. 반면, 무척 흥분했거나 고속으로 하는 인사에는 꼬리를 수직으로 세우고 신나게 흔드는 것이 포함된다. 고양이는 꼬리의 위치로 많은 감정을 표현하기도 한다. 꼬리의 위치가 그들의 기분을 제일 명확하게 보여주는 신호인 경우가 잦다.

문지르기

고양이와 인간 사이의 우호적인 상호작용에는 고양이가 어디가 됐건 제일 접근하기 쉬운 인간의 신체 부위에 몸을 문지르는 게 포함된다. 문지르기는 인간의 다리부터 시작되는 게 보통이다. 고양이는 (보통은 꼬리를 올린 채로) 사람에게 다가가 머리와 옆구리를 사람의 다리에 문지르고, 가끔은 고양이-고양이의 만남에서 다른 고양이의 꼬리를 감는 것처럼 꼬리를 사람의 다리

▶ 우호적인 고양이-인간 상호작용이 이루어지는 모습으로, 고양이가 꼬리를 세워 우호적인 의도를 드러냈다. 고양이의 귀 위치와 반쯤 감은 눈은 편안한 기분이라는 걸 드러내고, 그러면 사람은 고양이를 쓰다듬는 반응을 보인다.

에 감는다. 그러면 그 사람은 허리를 숙여 고양이를 쓰다듬어 주는 식으로 다정하게 반응하는 게 일반적이다. 사람이 이렇게 해주는 것은 그 고양이가 비슷한 상황에서 다른 고양이로부터 받을 가능성이 높은 문지르기(알로러브allorub)나 핥아주기(알로그루밍)와 제일 비슷한 종류의 반응을 베푸는 것이라 볼 수 있다. 사람이 일단 이런 식으로 반응하면, 고양이는 머리와 옆구리를 사람의 몸에 거듭해서 비벼대고, 근처에 있는 물건들에도 머리를 문지른다. 이 행위는 시각적인 과시를 하는 것으로 판단된다.

고양이는 사람의 다리에 애정이 담긴 박치기를 하면서 관자놀이와 뺨, 턱에 있는 분비샘을 통해 분비한 냄새를 묻힌다.

　흥미롭게도, 실외로 나다니는 고양이는 실내에서만 생활하는 고양이보다 집사의 몸을 더 자주 문지르는 편이라는 게 발견되었다. 이것은 문지르기가 고양이가 실내로 돌아왔을 때 사용하는 인사 행동인데다 후각적인 기능도 갖고 있기 때문일 가능성이 제일 크다. 고양이는 문지르기를 할 때 신체에 있는 많은 피부 분비샘에서 냄새를 분비한다(47페이지와 83페이지를 보라).

꾹꾹이

"젖 디디기milk-treading"나 "반죽하기making dough"로도 알려진 꾹꾹이 kneading는 고양이가 이불이나 쿠션, 집사의 무릎 같은 부드럽고 잘 휘어지는 표면에 앞발을 대고 한 발씩 돌아가며 리드미컬하게 밀어붙이는 행동을 묘사하는 용어다. 고양이가 이런 행동을 할 때는 발톱이 튀어나오기 때문에 무릎을 내준 집사는 상당히 아픈 경험을 하게 된다. 이 행동은 새끼고양이가 젖이 나오도록 자극하려고 어미의 복부를 부드럽게 주무르는 젖먹이 때부터 보유한 것이다. 고양이가 만족감을 느낄 때 가르랑거림과 동반해서 하는 행동인 게 보통이다. 젖먹이 때 행동을 성체가 될 때까지 보유하는 이런 현상은 "유형성숙neoteny"으로 알려져 있다.

▶ 고양이는 초조하거나 두려움을 느낄 때 꼬리를 몸통 아래에 넣어 덩치가 작아 보이게 만든다.

고양이가 우리와 교류하는 방법　**125**

울음소리를 통한 고양이-인간의 소통 ✐

울음소리는 고양이들마다 천차만별이다. 심지어 고양이 한 마리가 내는 울음소리의 레퍼토리 내에서도 그렇다. 우는 행위의 지속 기간과 소리의 고저 양쪽에 미묘하게 변화를 줄 수 있기 때문이다. 고양이가 인간에게 보내는 가장 상징적이고 친숙한 커뮤니케이션 방식은 야옹거리는 것일 것이다.

야옹거림

성묘가 야생에서 다른 고양이를 향해 야옹거리는 경우는 드물다. 야생에서는 울음소리 대신에 후각적이거나 촉각적, 시각적 신호를 사용하는 편이다. 새끼고양이는 어미와 소통할 때 약한 야옹 소리를 폭넓게 사용한다. 고양이는 성묘가 됐을 때도 인간과 소통할 때 사용하려고 이 소리를 그대로 보유하면서 알맞게 변화를 준 것 같다.

침묵의 야옹

이 표현이 밝힌 내용 그 자체다. 입을 열고 야옹거리지만, 소리는 전혀 나지 않는다. 고양이의 웬만한 호소에는 끄떡하지 않는 집사에게서도 반응을 이끌어내려고 하는 이 행동은 시각적인 신호보다 엄청나게 호소력이 큰 행동으로, 고양이가 집사의 시선을 이미 끌었을 때 일어나는 게 보통이다.

일반적으로 고양이는 우리의 관심을 얻으려 할 때 야옹거린다. 고양이는 그 소리를 다양한 상황에서 약간씩 변형해 사용한다. 야생고양이 펠리스 리비카 리비카와 비교하면, 집고양이의 야옹 소리는 더 짧고 고음이다. 사람들이 그 소리를 야생고양이의 그것보다 선호한다는 걸 여러 연구가 보여주었다. 야옹 소리는 순치를 겪으면서 인간을 향한 고양이의 매력을 최대화하는 쪽으로 바뀌었을 것이다.

고양이는 자신들의 요구와 욕구를 전달하기 위해 야옹거리는 소리로 구성된 인상적인 레퍼토리를 우리에게 내놓지만, 사람들은 그 소리를 듣는 것만으로는 고양이의 메시지를 정확하게 식별하는 걸 어려워한다는 걸 여러 연구가 보여주었다. 일반적으로, 고양이를 겪어본 경험이 있는 사람은 경험이 전혀 없는 사람보다 녹음해서 들려준 공격적인

▶ 침묵의 야옹이 먹혀들게 만들려면 고양이는 집사와 눈을 맞출 필요가 있다. 집사가 고양이와 일단 눈이 마주치면, 고양이는 그들이 보유한 비장의 카드를 꺼내 들 수 있다!

야옹 소리와 우호적인 야옹 소리를 더 잘 구
분했다. 묘주들도 자신의 고양이가 내는 소
리를 낯선 고양이가 내는 소리보다 더 잘 구
분했다.

집안에서, 고양이는 야옹거릴 때 다른 단
서들—촉각(집사의 다리에 몸을 문지르기)이
나 시각(사료통에 몸을 문지르거나 뒷문 옆에 서
있기)—을 동시에 전달하는 경향이 있다. 그
래서 집사는 쓰다듬어 달라, 저녁 달라, 또
는 밖에 나가게 해달라는 요청을 더 잘 해석
할 수 있다. 상이한 집사와 고양이들은 그들
에게 먹혀드는, 오랜 시간에 걸쳐 발달해 온
그들만의 독특한 커뮤니케이션 버전을 가진
듯 보인다. 이걸 "개체발생 의식화ontogenetic
ritualization"라 부른다.

가르랑거리기

가르랑거리기purring는 고양이가 보여주는 제
일 사랑스러운 특징 중 하나로, 고양이–인간
의 커뮤니케이션에서 중요한 부분을 형성한

내보내달라는 요청. 고양이의 울음소리를 들은 집사가 고
양이가 뭔가를 원한다는 건 알겠는데 그게 뭔지를 확실히
모를 때, 고양이는 추가적인 힌트를 줄 것이다.

다. 새끼고양이는 아주 이른 나이부터 가르랑거리고(89페이지를 보라), 이 행동은 성체가 될 때까
지 유지된다. 가르랑거림은 전통적으로 만족감과 결부되지만, 고양이는 다른 맥락에서도 이걸
활용한다. 어느 연구는 고양이가 가르랑거릴 때 때때로 그 소리를 약간 달라지게 만드는 별도의
울음소리를 포함시킨다는 걸 밝혀냈다. 특히, 고양이는 먹이를 달라고 요청할 때 야옹거리는 유
형의 소리도 섞인 가르랑거리는 소리를 낸다. 그런 가르랑거리는 소리는 꽤나 고집스럽게 들리
고, 일반적인 만족감에서 비롯된 가르랑 소리보다 무시하기가 더 어려워진다. 그래서—고양이
가 바라는 먹이와 관련된—인간의 반응을 더 잘 이끌어낸다.

짹짹 소리

인사할 때, 또는 기분이 들떴을 때 하는 게 일반적으로, 고양이가 집사에게 달려갈 때 자주 내는 소리다. 어미가
새끼들을 부를 때 내는 것과 비슷한 소리에서 생겨났다.

우리가 고양이와 상호작용하는 법

고양이가 인간과 관계에서 사용하기 위해 고양이-고양이 커뮤니케이션 테크닉을 조정하는 것과 동일한 방식으로, 우리 인간도 고양이와 소통하기 위해 인간 고유의 전형적인 사회적 행동 패턴들을 사용하는 경향이 있다.

대화하기

진정으로 사회적인 동물인 인간은 말하는 걸 좋아한다. 그리고 말하기는 우리가 고양이와 소통하려고 선택하는 방법인 게 보통이다. 사람들은 "엄마가 아이에게 쓰는 말투motherse"로 묘사되는, 고음으로 노래를 부르는 듯한 방식을 채택해서 고양이에게 어린아이를 상대로 말하듯 말을 하는 경향이 있다. 우리가 왜 이런 일을 하는지는 밝혀지지 않았지만, 자기도 모르게 평소 목소리보다 높은 음을 내면 고양이가 대답으로 야옹거릴 때 내는 소리에 더 가까운 소리가 나기 때문일 가능성이 있다. 고양이는 낯선 사람이 부르는 소리를 녹음한 것보다 집사가 부르는 소리를 녹음한 것에 더 큰 반응을 보여준다(귀나 머리를 더 많이 움직인다). 이건 고양이가 사람들의 목소리 차이를 인지한다는 걸 보여준다. 그렇기는 하지만, 고양이가 의식적으로 그 목소리를 신경 써서 들었는지 여부는 전적으로 다른 문제다!

몸짓과 표정

대단히 인간적인 커뮤니케이션 방법인 손가락으로 무언가를 가리키는 행동은 고양이 사회에서는 자연스레 하

▶ 대부분의 반려묘는 집사가 부르는 소리에 반응하는 법을 배운다. 설령 먹이를 먹게 될 거라는 희망 때문에 그러는 것일지라도 말이다. 상호작용하는 동안 집사가 떠는 수다에 야옹거리는 대답을 하며 반응하는 고양이가 많다.

는 행동이 아니다. 그럼에도 우리는 고양이들이 보거나 조사하기를 원하는 어떤 대상을 가리키면서 놈들이 우리 생각을 이해할 거라고 기대한다. 과학자들은 고양이가 우리가 보내는 일부 신호를 따르는 법을 학습했다는, 손가락이 가리키는 곳에 먹이가 있을 경우에는 특히 더 그렇다는 인상적인 발견을 했다.

놀랍게도, 시각적 신호보다 후각적 신호에 더 의존하는 종인 고양이는 집사가 웃고 있는지 찡그리고 있는지에 따라 다른 방식으로 반응한다는 것이, 집사가 웃고 있을 때는 가르랑거림이나 문지르기 같은 우호적인 상호작용 행동을 더 빨리 수행한다는 것이 밝혀졌다. 하지만 이런 효과는 낯선 사람이 웃거나 찡그릴 때는 사라졌다.

쓰다듬기

고양이는 우리 몸에 자기 몸을 문질러서, 또는 울음소리나 촉각적 힌트를 보내서 우리가 그들을 쓰다듬도록 부추기는 일이 잦다. 고양이는 머리를 쓰다듬어 주는 걸 선호하고, 고양이 대부분은 뺨이나 턱 아래쪽을 쓰다듬거나 문질러 주는 걸 특히 즐긴다. 꼬리 주위 부위는 고양이가 제일 덜 좋아하는 부위로, 대체로 피하는 게 옳다. 고양이는 사람이 특별한 부위를 쓰다듬도록 그 사람과 하는 상호작용을 "안내"하는 특정한 방식으로 자세를 취하는 일이 잦다. 고양이는 쓰다듬어 주는 걸 즐길 때는 눈을 감아서 그런 행동을 부추기고, 그렇지 않으면 자리를 뜬다.

조련

고양이를 조련하는 건 가능한 일이다. 조련을 하면 고양이와 상호작용을 할 기회가 생기고 유대감이 돈독해진다고 생각하는 집사가 많다. 그 상호작용이 캐리어에 기분 좋게 들어가는 법을 가르치는 것이 됐건 "하이파이브"처럼 단순하고 신기한 재주를 가르치는 것이 됐건 상관없이 말이다. 조련할 때는 항상 보상으로 먹이나 놀이를 제공하는 클리커 조련(109페이지를 보라) 같은 긍정적인 강화 방법을 활용해야 한다. 틀린 행동을 했다는 이유로 고함을 치거나 고양이를 체벌하는 것은 스트레스만 줄 뿐이고, 문제 행동으로 이어질 가능성이 있다(148페이지를 보라).

고양이와 하는 상호작용에서 최대한 많은 걸 끌어내기 ❧

고양이는 원하는 게 무엇인지를 사람들에게 알리는 데 많이 능숙해졌지만, 그들이 보내는 신호는 때로는 사뭇 미묘할 수 있다. 여러 해에 걸쳐 고양이를 연구한 결과, 고양이의 행동에 대한 흥미로운 일부 통찰이 밝혀지면서 고양이와 상호작용할 때 유용하게 활용할 수 있게 되었다.

눈 키스

인간이 고양이와 소통하는 데 등장하는 가장 미묘하면서도 가장 만족스러운 방법에 속한다. 고양이-고양이 상호작용에서, 상대를 응시하는 건 공격적이고 위협적인 행동이다. 따라서 공격적이지 않은 상황에서 고양이 두 마리가 서로를 바라볼 때, 두 고양이는 눈을 무척 부드럽게 감았다 다시 뜨는 식으로 느리게 깜빡거린다slow blink. 이건 우호적인 행동으로, 자신은 평화로운 의도를 갖고 있다는 걸 표시하는 것이다. 많은 집사들이 고양이를 맞는 방법으로 이걸 사용한다. 고양이가 차분하고 조용할 때 제일 잘 먹히는 방법이다.

고양이가 상호작용을 시작하게 해줘라

고양이가 시작한 고양이-인간 상호작용은 인간이 시작한 그것보다 더 오래 지속된다. 고양이는 자기 방식으로 상호작용하는 걸 무척 좋아한다.

고양이가 이 정도면 충분하다고 여길 때 중단하라

고양이는 사람보다 먼저 상호작용을 끝낼 준비가 돼 있다. 이 점을 존중하면 고양이와 훨씬 더 알찬 장기적인 관계를 주도할 수 있다. 집사가 자주 놓치는 미묘한 경고 신호들이 있다. 예를 들어 무릎에 앉아있는 고양이를 어루만질 때, 고양이는 불만을 느끼면 꼬리를 휙휙 휘두르고 귀를 뒤로 젖히며 동공을 팽창시킨다. 그러고 나면 고개를 돌려 집사를 물거나 발톱으로 집사의 팔을 움켜쥔다. "페팅 앤 바이팅 신드롬petting and biting syndrome"으로 알려진 이 행동은 꽤나 흔하다. 불안해하는 고양이의 경우에는 특히 더 그렇다. 그렇지만 고양이를 어루만질 때 고양

▶ 눈 키스는 고양이가 사람을 바라볼 때 의도적으로 편안하고 부드럽게 눈을 깜빡이는 걸 가리킨다. 사람이 선수를 쳐서 느리게 깜빡이면, 고양이도 똑같은 방식으로 반응하는 경우가 자주 있다.

이가 보여주는 인내심의 수준을 세심하게 관찰하고 불편해하는 조짐이 보이는 순간 상호작용을 중단하는 식으로 개선할 수 있다.

고양이는 상호작용을 더 진전시키기 전에 사람의 냄새를 확인할 기회를 갖는 경우가 흔하다.

고양이가 먼저 당신을 킁킁거리게 해줘라

고양이에게 다가가기 전에 손을 펴고 손가락 끝을 구부려 내밀어서 고양이에게 정말로 중요한, 당신이 소지하고 다니는 후각적 정보를 조사할 기회를 줘라.

고양이와 놀아줘라

성묘도 새끼고양이처럼 노는 걸 좋아한다는 걸 집사는 자주 깜빡한다. 가까운 곳에 인터랙티브 토이(143페이지를 보라)를 챙겨뒀다 고양이의 정신이 초롱초롱할 때 그걸 가져와라. 그렇게 하면 (특히 소심한 고양이의 경우) 고양이-인간의 유대관계에 놀라운 일이 생긴다. 그 결과 고양이는 강제적인 접촉을 하지 않으면서도 집사와 즐거운 시간을 보내게 된다. 하지만 고양이가 사람의 손가락이나 발가락을 갖고 노는 내용의 게임은 피해야 한다. 그렇게 하다가는 전혀 예상하지 못했을 때 고양이가 포식자가 하는 유형의 매복 행동을 사람에게 가할 수 있기 때문이다.

박치기

고양이가 인간에게 보여주는 최상의 편안한 인사는 펄쩍 뛰어서 사람의 얼굴에 (번팅bunting이라고도 알려진) 박치기를 하거나 머리를 문지르려고 시도하는 것이다. 고양이는 우호적인 관계에 있는 다른 고양이를 맞을 때도 딱 이런 식으로 행동한다. 그러므로 집사가 할 수 있는 최선의 행동은 가만히 있으면서 고양이가 하는 인사를 받아주는 것이다.

고양이의 배를 간질이고픈 충동에 저항하라

인간과 우호적인 상호작용을 하는 동안, 편안해진 많은 고양이가 뒹굴뒹굴 구르면서 배를 노골적으로 노출시킨다. 그들을 무척 취약하게 만드는 이 포즈를 취하는 건 그들이 매우 흡족하고 위협감을 전혀 느끼지 않는다는 걸 보여주기 위해서다. 하지만, 그게 반드시 배를 쓰다듬어 달라고 유혹하는 것은 아니라는 교훈을 집사들은 손이 찢어지는 혹독한 경험을 한 후에야 얻기도 한다. 일부 고양이는 배를 간질이는 걸 감내할 테지만, 고양이를 쓰다듬는 부위는 머리와 뺨, 턱 아래만으로 한정하는 편이 낫다.

고양이를 기르는 데 따르는 이점

최초의 고양이-인간의 관계는 각자의 작업을 협력하는
방식으로 시작되었다. 고양이는 준비된 먹이의 출처를 획득
했고 인간은 유해 동물 제거라는 보상을 받았다. 오늘날 우리는 고양이의 사냥
능력은 거의 열망하지 않는다. 많은 묘주 입장에서 고양이가 소중한 주된 이유는 고양이
와 맺은 우정이다. 사람들은 깔끔함과 자립심 때문에 고양이를 높이 평가한다. 이런 특성은 고
양이를 현대의 가정생활에 이상적인 반려동물로 만들어 주었다. 고양이를 반려동물로 선택하
는 사람이 많다. 아이들에게 친구가 된 동물을 보살피는 경험과 동물에 대한 책임감을 부여하
기 때문이다. 그리고 혼자 사는 개인의 경우, 고양이는 무척이나 귀중한 우정을 제공한다.

신체건강과 정신건강에 끼치는 영향

고양이를 기르는 것이 정신건강에 끼치는 이점에 대한 어느 연구는 다른 요인과 변수들을 고려
했을 때 고양이를 기르는 사람은 심혈관계 질환과 뇌졸중에 시달릴 위험이 모두 낮다는 걸 보
여주었다. 고양이를 어루만지는 것은 분명히 긴장을 풀어주고 스트레스를 줄여 주는 활동으로,
혈압을 떨어뜨리고 안락한 기분을 향상시키는 데 도움을 준다. 고양이는 많은 사람에게 정서적
인 지원을 제공하는 강력한 출처가 될 수 있다. 반려묘를 향한 끈끈한 애착이 존재할 때는 특히
더 그렇다. 고양이가 사람의 기분에 끼치는 영향을 조사한 다른 연구는 고양이와 상호작용하면

사람들이 무릎에 앉은, 또는 그들의 생활의 일부인 고양이에게서 얻는 우정과 편안함을 과소평가해서는 안 된다.
매우 끈끈한 유대관계를 형성한 고양이와 집사가 많다.

부정적인 기분을 줄이는 데 큰 도움을 줄 수 있다는 걸 보여주었다. 그런데 흥미로운 건, 그게 긍정적인 기분을 바꾸거나 키워 준 것처럼 보이지는 않는다는 것이다. 고양이는 자폐증에 걸린 아이들의 친구로서 아이들의 불안감을 줄여 주고 사교기술과 소통기술을 향상시켜 주는 등의 엄청난 혜택을 준다는 것도 밝혀졌다. 고양이를 키우지 못하는 사람들을 위해, 또는 고양이를 충분히 경험하지 못하는 사람들을 위해 세계 전역에서 고양이 카페가 생겨나고 있다. 누구나 갈 수 있는 곳으로, 몇 시간 동안 고양이에 에워싸인 채로 커피를 마실 수 있다.

알레르기

대부분의 사람들은 고양이를 기르는 건 알레르기와 관련해서는 흉한 소식일 수밖에 없다고 가정한다. 그런데 유아기 때 애완동물에 노출되면 자랐을 때 천식과 알레르기에 시달릴 위험이 줄어든다는 게 밝혀졌다. 사실 고양이 알레르기의 원인은 고양이의 털이 아니라, 고양이 피부의 피부기름샘에서 생산되고 침에도 들어 있는 단백질이다. 놀랍게도, 시베리안Siberian 품종의 특정 개체들은 털이 길고 두툼한데도 이런 알레르기 유발 항원을 더 적게 생산하는 것으로 밝혀졌고, 그렇기 때문에 다른 고양이를 접했다가 알레르기 반응을 경험한 사람들에게 더 적합한 품종일 수 있다.

▶ 시베리안 고양이는 사람들에게서 알레르기를 유발하는 Fel d 1 단백질을 덜 생산한다. 시베리안은 엄밀히 따지면 저자극성hypoallergenic 품종은 아니지만, 알레르기에 시달리는 사람들에게 더 적합한 품종일 수 있다.

제5장

현대의 고양이

성공의 대가 ⌒

인간세계에 적응해 온 집고양이는 대단히 성공한 종이다. 고양이는 야생의 조상들이 인간과 가깝게 지내면서 좇던 것과 동일한 기본적인 안락함을, 즉 먹이와 쉴 곳을 바탕으로 번성했다. 많은 운 좋은 개체들이 조상들이 경험했던 수준을 월등히 상회하는 생활 수준을 누린다. 따스한 가정과 꾸준히 공급되는 영양이 완비된 먹이 덕에 많은 고양이가 길고 건강한 삶을 누리게 되었다. 하지만 현대적인 생활은 일부 반려묘에게 많은 스트레스를 안겨주는데, 이런 스트레스는 고양이의 습성에 대한 인간의 이해가 부족한 탓에 의도치 않게 야기되는 게 보통이다.

개체수 과잉 문제

집고양이가 성공적으로 대량 서식하게 된 것은 고양이의 적응력과 기회주의적인 속성 덕이기도 하지만, 부분적으로는 인상적인 번식력 덕이기도 하다. 암컷은 생후 6개월쯤에, 때로는 생후 4개월에 성적으로 성숙해진다. 암컷은 해마다 세 번까지 출산할 수 있다. 한 번 출산에 평균 네 마리의 새끼를 낳는다면, 각각의 암컷이 해마다 12마리쯤의 새끼를 낳는다는 뜻으로, 그 암컷이 낳은 새끼 암컷들도 역시 그렇게 할 수 있다. 그래서 반려묘와 길고양이 개체군 모두 이렇게 통제되지 않는 번식력이 발휘되는 것을 적극적으로 예방하는 활동이 중요하다.

중성화

묘주들은 거세(수고양이의 고환 제거)나 난소 적출(암고양이의 자궁과 난소 제거)을 통해 고양이를 중성화하라는 부추김을 받는다. 중성화는 고양이의 번식을 통제하는 것 외에도, 고양이에게 건강상의 이점을 안겨주고, 고양이들을 훨씬 더 다정한 삶의 동반자로 만들어 준다.

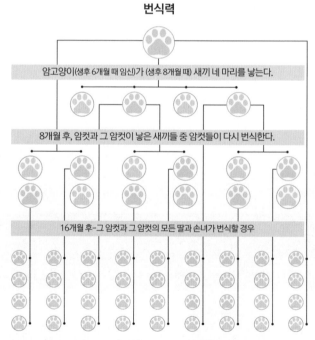

번식력

암고양이(생후 6개월 때 임신)가 (생후 8개월 때) 새끼 네 마리를 낳는다.

8개월 후, 암컷과 그 암컷이 낳은 새끼들 중 암녀들이 다시 번식한다.

16개월 후-그 암컷과 그 암컷의 모든 딸과 손녀가 번식할 경우

이 도표는 중성화 수술을 받지 않고 생후 6개월쯤부터 번식을 시작하는 암컷의 번식력을, 그리고 그 암컷이 낳은 암컷 새끼들도 차례로 그렇게 했을 때 번식력을 보여준다. 암컷은 분홍색 발자국으로 표시했고, 수컷은 파란색 발자국으로 표시했다.

암컷을 중성화시켰을 때 이점

암컷 입장:

- 유방암과 자궁축농증(pyometra, 자궁에 생기는 치명적인 감염 가능성)에 걸릴 위험성이 줄어든다.

- 고양이면역결핍바이러스FIV와 고양이백혈병바이러스 FeLV에 걸릴 위험이 줄어든다(두 질병에 대한 자세한 정보는 214페이지를 보라). 두 질병 다 고양이의 침을 통해 퍼지는데, 때로는 교미할 때 암컷에 올라탄 수컷이 암컷의 목을 물었을 때 전염되기도 한다.

- 임신과 출산에 따르는 위험과 합병증을 피할 수 있다.

암컷의 묘주 입장:

- 암컷이 발정하는 걸 막아 주고, 짝을 찾는 동안 사정없이 울어대고 무척이나 시끄럽게 구는 것을 막아 주며, 평소보다 멀리까지 돌아다니는 걸 막아 준다. 이런 일들이 암컷이 임신 되지 않으면 3주마다 일어나는 일들이다.

- 암컷이 발정했을 때 집 근처에 사는 수컷들이 모여들어 싸움을 벌이는 걸 막아 준다.

수컷을 중성화시켰을 때 이점

수컷 입장:

- 짝을 찾아 엄청나게 멀리까지 배회하려는 충동을 줄여 주고, 그래서 도로를 건너다 부상당할 확률을 줄여 준다.

- 경쟁하는 수컷들과 싸우려는 충동을, 그리고 그 결과로 부상당할 위험을 줄여 준다.

- 감염된 고양이와 싸우다가 FIV와 FeLV에 감염될 위험을 줄여 준다.

수컷의 묘주 입장:

- 공격성을 보이고 배회하려는 경향, 건강한 수컷이 자주 하는 짓인 집 안팎의 자기 영역에 소변 자국을 남기려는 경향을 줄여 준다. 수컷이 성적으로 성숙해지기 전에, 그리고 성적 행동이 발달하기 전에 이른 나이에 중성화시키면 더 효과적이다. 설령 나중에 수술을 받았더라도, 중성화는 이런 반사회적인 행동들을 줄여 줄 수 있다.

- 스트레스를 덜 받고 더 우호적이며 상호작용을 더 잘하는 동반자를 얻는다.

중성화 관련 팩트

암고양이는 새끼를 한 번 출산하고 난 다음에 중성화를 해야 옳다고 믿는 사람이 많다. 근거 없는 이야기로, 그런다고 생기는 건강상의 이점은 전혀 없고, 오히려 임신과 출산이 합병증을 일으켜 건강상 위험을 훨씬 더 키운다. 고양이는 생후 4개월부터 번식이 가능하므로 되도록 이 연령에 가까울 때 중성화를 시켜야 마땅하다. 고양이는 동기나 부모와 짝짓기를 할 수도 있으므로 친척 간인 고양이들도 중성화해야 한다.

중성화 수술을 받은 고양이는 살이 찔 거라고 걱정하는 사람이 많은데, 지나치게 사료를 많이 준 결과일 뿐이다. 중성화 수술을 받은 고양이는 칼로리가 덜 필요하고, 그래서 먹이를 덜 먹어야 옳다. 일부 집사들은 중성화를 시키면 고양이의 성격이 변할 거라고도 믿는다. 중성화 수술을 받은 고양이는 그 전과는 상이한 행동을 보일 것이다. 그런데 짝을 찾아 번식하려는 충동을 잃고 난 뒤에 일어나는 변화는 긍정적이고 우호적인 행동과 집사와 하는 더 많은 교류로 이어질 가능성이 크다.

반려묘와 영역 ✑

중성화한 집고양이는 먼 거리를 배회하려는 충동이 줄어든다. 그렇지만 대부분의 반려묘는 여전히 그들 자신의 것으로 여기는 약간의 공간을 갖는 걸 좋아한다. 반려묘는 자기가 사는 집 내부에, 그리고—실외 출입이 가능한 고양이의 경우—집 주위에 아무리 좁은 곳일지라도 영역territory을 유지하려 애쓸 텐데, 이건 고양이 개체수가 무척 많은 지역에서는 어려운 일이 될 수 있다. 예를 들어, 도시의 동네는 주인이 있거나 없는 많은 수의 고양이를 수용할 필요가 있고, 그래서 고양이들은 확보 가능한 공간을 어떻게든 다른 고양이와 공유해야 한다. 이웃해 있는 다른 집에 사는 반려묘들은 자신이 이웃에 사는 고양이들과 동일한 사회적 집단에 속해 있다고 간주하지 않는 게 일반적이다. 그리고 그 동네에는 동일한 영역의 소유권을 주장하는 길고양이나 떠돌이고양이 군집들도 있을 것이다.

이런 상황에서 영역을 놓고 경쟁이 벌어지고 그에 따른 갈등이 빚어지는 건 필연적이다. 고양이는 필요로 하는 공간의 규모에 대해서는 융통성이 무척이나 크지만, 다른 고양이의 도전에 의해 그 공간이 바뀌거나 위협을 받을 경우 스트레스를 많이 받는다. 현대의 고양이들은 사회적 갈등이 빚어지는 상황에서 상대에게 신호를 보내는 수단이 제한되어 있고, 그래서 가능한 곳이라면 어디에서건 대립을 피하는 경향이 있다. 이건 놈들의 조상이 단독생활을 했다는 걸 보여준다. 불행히도 개체들이 밀집한 영역에서 회피 전술을 쓰는 건 어려운 일일 수 있고, 그래서 영역 때문에 벌이는 분쟁은 이웃한 고양이들 사이에서 싸움이 벌어지는 흔한 이유다.

다묘 가정

자기 가정을 두 마리 이상의 고양이와 공유하기로 결정하는 사람이 많다. 집고양이는 길고양이 군집 같은 자유로이 생활하는 환경에서는 서로서로 가까운 거리 안에서 사는 데 잘 적응할 수 있다(78페이지를 보라). 그런 사회 시스템에 속한 집고양이는 어느 고양이와 교류하고 어느 고양이는 피할 것인지를 유연하게 결정할 수 있다.

▶ 새 고양이의 도착, 또는 특정 영역에서 다른 고양이가 떠나는 것은 이웃한 고양이들이 영역 문제를 놓고 합의해서 달성한 미묘한 균형을 무너뜨릴 수 있다.

동거하는 고양이들 사이의 긴장 상태는 특정한 자원을 놓고 서먹한 분위기를 자주 연출할 수 있다. 고양이 한 마리가 원하는 걸 얻기 위해 다른 고양이를 "괴롭힐"지도 모른다.

다묘 가정에서 생활할 때, 고양이는 폐쇄된 영역에서 다른 고양이들과 더불어 살아야 하는 게 보통이다. 놈들이 둥글둥글한 성격이 아니라면, 이런 상황은 놈들에게 스트레스를 안겨준다. 자원을 놓고 경쟁해야 하는 상황이라면 특히 더 그렇다. 동거하는 고양이들은 겉으로는 사이좋게 지내는 것처럼 보이지만, 그렇지 않은 경우가 잦다. 어느 고양이가 먹이나 변기, 고양이 문에 접근하는 것을 가로막거나 집 주위에 있는 선호하는 휴식공간에서 다른 고양이를 쫓아내는 식으로, 갈등은 매우 미묘하게 일어날 수 있다.

선의善意를 가진 집사들은, 예를 들어 그 사람이 하루 종일 집에 있는 게 아니라면, 두 번째로 들인 고양이가 첫 고양이의 "친구"가 될 수 있을 거라 생각할지 모른다. 나이와 성격, 사교성에 따라 이런 생각대로 되는 고양이가 일부 있지만, 경쟁의 스트레스를 겪는 일 없이 자기 공간을 안정적으로 확보하는 걸 선호하는 고양이들도 있다. 집안에 새 고양이를 들이기 전에 기존에 거주하던 고양이의 욕구를 세심하게 고려하고 배려해야 마땅하다. 예를 들어, 나이 많은 고양이는 장난기 많고 에너지 넘치는 새끼고양이와 같이 산다는 도전에 직면하면 우호적으로 반응하지 않을 수도 있다.

이 고양이 쌍처럼 선택을 통해 함께 휴식하는 고양이들은 일반적으로 서로를 동일한 사회적 집단의 일부로 간주하고, 두 고양이의 상호작용은 우호적인 게 보통이다.

고양이들 사이의 화목 증진

고려해야 할 모든 사항에 대한 저울질이 끝났다면, 다묘 가정의 성공 확률을 최대화할 수 있는 방법들이 있다. 예를 들어, 기존에 거주하던 고양이가 없다면, 한배에서 태어난 새끼고양이들을, 또는 이미 함께 자란 덕에 유대감을 느끼는 나이 든 동기들 쌍을 택하는 게 타당하다. 태어날 때부터 서로에게 사회화된 동기들은 성묘가 되었을 때 혈연관계가 아닌 고양이들보다 더 사이좋게 지낼 가능성이 크다. 성묘가 이미 거주하고 있는 집에 두 번째 고양이를 데려올 경우, 기존의 고양이 입장에서는 어린 고양이나 새끼고양이가 다른 성묘보다 덜 위협적으로 보일 것이다.

▶ 태어났을 때부터 함께 자라 온 동기들로 이루어진 쌍은 사이좋은 동거묘로 판명되는 경우가 잦다. 그렇기는 하지만, 이런 고양이들이 성묘가 돼서도 함께 어울릴 거라고 보장할 수는 없다. 성격이 충돌하고 경쟁의식을 느낄 수도 있기 때문이다.

기존 고양이에게 새 고양이 소개하기

소개는 극도로 천천히, 세심하게 이루어져야 마땅하다. 양쪽 고양이가 어느 한 단계를 편안해하는 듯 보일 때에만 다음 단계로 넘어가야 한다. 두 고양이의 소개를 완전히 마칠 때까지는 몇 주에서 몇 달 사이의 시간이 걸릴 것이다.

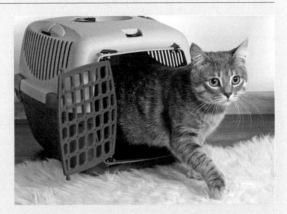

- 새 고양이는 기존의 고양이가 접근하지 않는 별도의 방에 가두어둬야 한다.
- 서로의 냄새에 익숙해지도록, 그들이 거주하는 영역에서 가져온 침구 같은 물품들을 상대의 영역에 배치할 수 있다. 새로운 냄새가 나는 물품이 나타나도 어느 쪽도 반응을 보이지 않을 때까지, 양쪽 고양이가 상대 고양이의 냄새에 익숙해지도록 물품들을 계속 교환하라.

새 고양이를 집안에 성공적으로 통합시키는 최상의 방법은 기존에 거주하는 다른 고양이에게 소개하는 과정을 무척이나 서서히 밟는 것이다.

- 두 방의 경계가 되는 출입문과 가까운 곳에 먹이를 둬라. 두 고양이가 문 양쪽에 있더라도, 상대의 모습을 볼 수는 없어야 한다. 이렇게 하면 각각의 고양이는 다른 고양이의 존재를 식사라는 기분 좋은 일과 결부시키기 시작한다.
- 양쪽 고양이가 이런 상황에 차분하게 대응하는 듯 보이면, 출입문을 열어둔 상태로—여전히 분리돼 있기는 하지만 서로의 모습을 볼 수 있는 상태로—양쪽 고양이에게 먹이를 주도록 노력하라. (베이비 게이트baby gate처럼 건너편이 보이는 장벽은 이런 목표를 달성하는 좋은 방법이다.)
- 이런 처방이 좋은 효과를 내면, 기존 고양이를 신입 고양이의 방에 잠깐 방문시켜라. 집사가 이 방문을 감독해야 한다.
- 두 고양이가 서로에게 노출되는 기간을 서서히 늘려라. 그러고는 새로 온 고양이에게 집안의 나머지 공간을 천천히 소개하라.
- 고양이가 어느 정도 하악질을 하거나 털을 부풀리는 건 정상적인 행동이다. 그렇지만 한 쪽 고양이가 공격성을 보인다면, 한 단계 전으로 후퇴하라.

자원, 자원, 자원

신입 고양이와 기존 고양이를 적절하게 소개했다면, 그들이 서로의 곁에서 평화로이 살아가는 걸 보장하는 최상의 방법은 각각의 개체에게 충분한 자원을 제공하는 것, 그래서 그들이 자원을 공유하거나, 공유를 선택하지 않더라도 굳이 서로의 친구가 되지 않아도 되게 해주는 것이다. 다음과 같은 것들을 제공한다는 뜻이다.

1. 집안의 다른 영역에 있는 침대와 휴식 공간: 가능하다면 일부는 높은 곳에 둬야 한다.
2. 집안의 다른 영역들에 배치한, 고양이 한 마리당 한 개 이상의 변기.
3. 집안의 다른 장소들에 둔 사료그릇과 물그릇.

동거하는 두 고양이는 이런 상황에 적응했으면서도 친해지지 않을 수 있지만, 놈들은 서로를 감내하는 법은 배울 수 있다. 사이가 좋지 않은 고양이들도 적절한 자원이 주어지면 한 가정 내부에 별도의 영역들을 형성하는 경우가 흔한데, 그 공간들은 물리적으로 겹치거나, 같은 공간을 이용하는 시간을 각자 달리하는 방식으로 사용되는 경우가 잦다.

실내에서 생활하는 고양이 ✑

여러 이유로 고양이를 실내에서만 생활하는 반려묘로 키우겠다고 선택하는 묘주가 많다: 고양이가 떠돌이가 되거나 싸움에 휘말리거나 밖으로 사냥을 나가는 걸 막으려고, 또는 도로에서 병에 걸리거나 부상당할 위험을 피하려고 등. 일부 가정에는 고양이가 나갈 만한 명백한 실외 공간이 없기도 하다. 예를 들자면, 아파트 단지. 도둑맞을 가능성도 또 다른 이유다. 그 고양이가 족보 있는 값비싼 품종일 경우에는 특히 그렇다. 고양이를 실내에서만 기르면 이런 잠재적인 위험 요소들은 모두 피할 수 있겠지만, 그렇게 하는 데에도 나름의 난점이 있다. 건강상 문제와 행동 문제가 특히 그렇다. 실내에서만 생활하는 고양이는 비만이 되고 2형 당뇨병 type 2 diabetes 에 걸리는 경향이 무척 크고, 활발히 활동하면서 긍정적인 자극을 받을 기회가 줄어드는 고충을 겪을 수 있다. 고양이의 환경과 보살핌에 변화를 주는 한편 고양이들이 더 전형적이고 자연스러운 행동을 보여줄 기회—"환경 풍부화environment enrichment"로 알려진 것—를 제공해서 고양이들의 신체적·정신적 웰빙을 엄청나게 향상시킬 수 있다.

물리적 공간 늘리기

고양이는 자기의 공간을 인간하고는 사뭇 다른 방식으로 활용하는데, 고양이가 우리의 가정을 공유할 거라 기대할 때 우리 인간은 이런 사실을 툭하면 망각한다. 고양이는 어느 한 높이에 오래 머무르지 않는 편이다. 고양이는 주위에 있는 모든 것을 볼 수 있으면서 조용히 쉴 수 있는, 안전한 거리에서 세상을 지켜볼 수 있는 높은 곳을 선호한다. 고양이에게 높은 장소로 점프하거나 기어오를 수 있는 기회를 제공하는 것은 비좁은 환경으로 느껴질 만한 공간에 있는 고

▶ 특별히 설계된 활동센터는 고양이에게 탐구하고 기어오르고 숨고 발톱을 긁으며 놀 수 있는 기회를 제공한다. 아울러 주위를 지켜보기에 좋은 높고 안전한 위치도 제공한다.

여러 층은 고양이가 탐구하면서 높은 곳에 오르고 점프하게끔 부추긴다.

높은 플랫폼은 주위를 지켜보기에 좋은 위치를, 그리고 지상에서 벌어지는 활동에서 물러서 휴식을 취할 기회를 제공한다.

아늑한 동굴은 몸을 숨기거나 잠을 자려고 평화로이 몸을 말 수 있는 공간을 제공한다.

잠에서 깨어난 고양이는 발톱을 가는 걸 좋아한다. 그러므로 구조물의 여러 층에 이런 스크래처scratching surface 를 설치하면 좋다.

양이에게 추가적인 수직적 공간을 추가로 제공하는 것이나 다름없다. 이 작업은 고양이가 휴식 공간으로 사용하도록 찬장 꼭대기나 선반을 청소하는 것 같은 간단한 일일 수도 있다. 그게 아니면, 캣 트리cat tree나 캣 타워cat tower 같은 판매되는 구조물을 구매할 수도 있다. 여러 개의 플랫폼과 스크래칭 포스트scratching post, 아늑한 동굴 같은 공간이 완비된 이런 활동센터는, 특히 실내에서만 생활하는 고양이에게는, 흥미로운 공간을 제공한다. 고양이는 몸을 숨기는 것도 무척 좋아한다. 그래서 고양이에게 그렇게 할 수 있는 수단을 제공하는 것은 그들의 세계를 무척 풍부하게 만들어 주는 것이다. 많은 일을 할 필요는 없다. 빈 판지상자가 당신이 고양이에게 줄 수 있는 제일 놀라운 선물이 될 수도 있다.

놀이

놀이는―새끼고양이와 어린 고양이만이 아니라―모든 고양이의 묘생에서 어마어마하게 중요하다. 에너지를 발산하면서 흥분된 소리를 쏟아내는 것은 늙은 고양이나 어린 고양이 모두에게 엄청나게 이로운 일이다. 운동을 하게 해주고 따분함이나 스트레스를 줄여 주는 동시에 그들의 감각을 좋은 상태로 유지시켜 주기 때문이다. 장난감은 실내와 실외에서 활동하는 고양이 모두에게 활기찬 하루를 살게 해주는 이상적인 방법으로, 상업적으로 구매할 수 있는 대안의 수가 방대하다. 여러 소리가 나거나 각기 다른 냄새가 나는 장난감처럼 상이한 소재와 질감으로 만들어진 장난감 세트를 선택하면 고양이의 감각을 자극하는 한편으로 흥미를 유지할 수 있다.

인터랙티브 토이

이 유형의 장난감은 인간이 개입해야만 움직인다. 이 장난감은, 한쪽 끝에 깃털이나 끈이 달린, 지팡이나 낚싯대와 비슷한 막대기인 게 보통이다. 이런 장난감을 갖고 노는 시간은 고양이에게 재미를 줄뿐더러 묘주-반려묘의 유대감을 발전시키는 걸 도와줄 수 있다. 인터랙티브 토이는 놀이시간이 아닐 때는 항상 잘 치워 두어야 한다. 사고로 고양이의 몸에 엉키는 걸 피하기 위해서다.

▶ 놀아주는 사람이 달랑거려서 고양이의 애를 태우는, 예측불허의 움직임을 보이는 인터랙티브 토이는 먹잇감이 되는 동물이 보이는 갑작스러운 움직임을 닮았기 때문에 고양이에게 특히 더 많은 자극을 준다.

크기와 질감 양면에서 실제 먹잇감을 닮은 장난감은 인기가 좋다. 고양이가 발톱으로 붙잡아 내던지거나 이빨을 꽂아 넣을 수 있는 부드러운 장난감은 특히 더 그렇다.

혼자 갖고 노는 장난감

집사가 곁에 있지 않더라도 갖고 놀 수 있는 장난감을 고양이가 한 번에 몇 개씩만 갖고 놀게 해줘야 한다. 고양이는 어느 정도 시간이 지나면 똑같은 장난감을 지겨워한다("습관화"로 알려진 습성). 그리고 나면 지겨워진 장난감은 건드리지 않을 것이다. 선택할 수 있는 장난감을 주기적으로 교체해 주면 이런 성향을 이겨낼 수 있다. 고양이는 오랫동안 치워 두었던 장난감이 눈앞에 나타날 때마다 새로운 관심을 보이며 그걸 맞이할 것이다.

1. 다양한 공—플라스틱 공, 잘 튀는 공, 딸랑거리는 공, 부드러운 공, 두툼한 천으로 만든 공, 깃털로 만든 공—을 구매할 수 있다. 다양한 질감의 공을 계속 섞어서 내주면 고양이의 관심이 유지된다. 탁구공은 특히 인기가 좋고, 집사가 종이를 돌돌 말아 만들어 준 공도 고양이에게는 마찬가지로 매력적일 수 있다.

2. 인조 모피나 깃털로 만든 작은 먹잇감 크기의 장난감은 매우 인기 가 좋다. 허브 캣닙이 들어 있는 장난감은 특히 더 그렇다(61페이지를 보라). 캣닙은 그 장난감의 매력을 특히 더 높여 준다. 캣닙은 (모두는 아니지만) 일부 고양이를 무척 흥분시키면서 뒹굴며 울어대는 광란의 놀이에 빠져들게 만들 수 있지만, 효과는 10분 이상 가지 않는 게 보통이다.

3. 더 큰 먹잇감을 닮은 (캣닙이 들어 있는) 플러시 천plush으로 만든 커다란 장난감을 즐기는 고양이가 많다. 이런 장난감은 고양이가 "먹잇감"을 안고 뒹굴며 씨름할 수 있는 기회를 제공한다.

▲ 다양한 소재로 만든 장난감을 주면, 고양이는 갖고 노는 동안 다양한 감각 경험을 하게 된다.

집에서 만든 이런 퍼즐 피더는 고양이가 그걸 굴리는 동안 구멍을 통해 건식사료나 간식을 쏟아낸다. 이건 고양이에게는 무척 큰 기쁨이다.

재미있는 식사시간

영양분이 완비된 사료 한 사발을 날마다 두 번 먹는 것은 길거리에서 주인 없이 사는 고양이에게는 호사처럼 보일지 모르지만, 많은 반려묘 입장에서는 따분한 일이 될 수 있다. 고양이는 자연 상태에서 사냥감을 잡으면 낮이나 밤 내내 적은 양을 조금씩 식사하는 습성을 타고났다. 식사 시간을 사료를 찾아다니는 활동을 하는 시간으로 만들어 주면 고양이에게 신체적으로도 정신적으로도 큰 자극이 될 것이다. 건식사료를 퍼즐 피더─고양이가 안에 들어 있는 사료를 빼내는 일을 하게끔 디자인된 장치─에 넣을 수 있다. 상업용 퍼즐 피더는 디자인이 상대적으로 단순한 것부터 복잡한 것까지 있어서 영리한 고양이가 도전을 즐길 수 있게 해준다. 집에서도 휴지심 같은 간단한 재료를 활용해 즉흥적으로 퍼즐 피더를 만들 수 있다. 그러는 대신, 소량의 건식사료를 집안 곳곳에 숨겨두고 고양이가 온종일 그걸 찾아다니게 만들 수도 있다.

나뭇잎

고양이는 절대 육식동물임에도 가끔 풀이나 다른 나뭇잎을 씹어댄다. 이건 소화에 도움을 주는 활동인지도 모른다. 실내에서 생활하는 고양이에게도 캣 그라스cat grass나 캣 타임cat thyme에 접근할 수 있게 해주는 것으로 동일한 기회를 줄 수 있다. 한편, 집에서 기르는 유독有毒한 초목은 반드시 고양이의 발이 닿지 않는 곳에 둬야 한다. 부케에 들어가는 매우 인기 좋은 꽃인 백합lily은 고양이에게 극도로 해롭다. 백합은 모든 부위가 유독해서, 고양이는 지나가다 꽃을 스치기만 해도 위험하다. 그루밍하는 동안 털에 묻은 꽃가루를 핥기 때문이다. 꽃가루를 삼키면 신부전을 일으킬 수 있고, 목숨이 위험해지는 경우가 흔하다. (65페이지에 기술한 대로 특정 식품과 음료 유형도 고양이에게 치명적이다.)

반려묘의 문제 행동

고양이는 결벽증이라 할 정도로 청결하고, 다른 반려동물에 비해 상대적으로 자립적이며, 일반적으로 공격성이 덜하다는 명성이 있기 때문에 고양이를 곁에 두고 살기로 선택하는 사람이 많다. 고양이의 이런 특징은 고양이를 이상적인 동거동물이자 친구로 만들어 준다. 그러나 고양이는 때때로 집사가 불쾌하다고 생각할지 모르는 행동들을 하면서 평소 성격과는 다른 짓을 하기 시작할 수 있다. 고양이와 인간 사이의 유대감은 한없이 확장될 수 있지만, 이런 문제를 적절히 다루지 않는다면, 슬프게도 집사는 고양이를 기르지 말아야겠다고 결심하기도 한다.

그게 문제 행동이 되는 것은 언제인가?

용납할 만한 고양이의 습성에 대한 묘주들의 의견은 제각기 다르다. 여기서 "문제"가 뜻하는 바는 고양이가 하는 저항적인 행동이 단순히 묘주가 불쾌하다고 생각하는 장소에서, 또는 그런 방식으로 표현되는 것일 수 있다. 예를 들어, 일부 묘주는 오랫동안 써온 소파를 고양이가 스크래처로 활용하는 것을 체념하는 반면, 다른 묘주는 이런 습관을 기분 좋게 받아들이지 않는다. 다묘 가정의 경우, 고양이들이 가끔씩 싸우더라도 흥분하지 않는 집사가 있는가 하면, 그런 싸움을 심각한 문제로 보는 집사도 있다. 집사들은 일부 문제 행동은 다른 행동보다 더 오래 감내하기도 한다. 배변 문제는 고양이와 집사 사이에서 제일 흔한 스트레스와 갈등의 원인이다. 다행히도, 발생하는 문제들 중 많은 부분은 해결이 가능하고, 요즘의 묘주들은 고양이가 특이하거나 용납할 수 없는 방식으로 행동한다고 느낄 경우 외

◀ 고양이 입장에서, 소파의 모서리는 긁으면서 발톱을 "갈기" 위한 완벽한 장소다. 하지만 고양이와 집사 모두의 행복을 유지하기 위해서는 선천적인 본능 때문에 하는 이런 행동의 대상을 다른 곳으로 바꿔 줄 필요가 있다.

부 전문가의 도움을 구하려는 마음의 준비가 더 잘 되어 있다.

　고양이의 행동이 갑작스럽게 변하는 데는 여러 이유가 있을 수 있다. 이럴 때 항상 취해야 할 제일 첫 행보는 수의사의 진찰을 받아 그 행동의 기저에 건강 관련 문제가 있는지 알아보는 것이어야 한다. 예를 들어, 방광염 같은 소변 문제에 시달리는 고양이는 갑자기 적절하지 않은 방식으로 소변을 보기 시작할 수 있다. 통증에 시달리는 고양이는 평소 성격과는 딴판으로 공격성을 표출할지도 모른다. 고양이가 신체적으로 건강해 보일 경우, 수의사는 문제를 식별하기 위해 고양이 행동 카운슬러를 추천해 줄 것이다.

장기 스트레스

사소한 단기 스트레스는 고양이의 삶의 정상적인 일부다. 하지만, 그 스트레스가 오래가면서 수그러들 줄 모른다면(만성적이라면), 그건 문제가 될 수 있다. 만성 스트레스는 스트레스 관련 질환으로 이어질 수 있고, 고양이의 면역계에 영향을 줘서 질병에 대한 저항력을 떨어뜨리거나 고양이가 이상한 행동을 하게 만들기 시작할 수 있다.

　고양이는 변화를 좋아하지 않으며 자기 영역에 대한 권리를 무척 강하게 주장할 수 있다. 따라서 현대의 일부 고양이들이 경험하는 생활환경도 장기 스트레스의 원인일 수 있다. 집사들은 고양이가 평소와는 다른 행동을 하기 시작하기 전까지는 스트레스의 근원을 인지하지 못할 것이다. 조짐이 늘 명확하게 드러나는 건 아닐뿐더러, 시간이 흐르면서 악화할 수도 있다. 그런 조짐에는 어디에 숨거나 틀어박히는 것, 식사 거부, 요로 관련 질환, 부적절한 배변, 과한 그루밍 같은 것들이 포함된다.

스트레스를 받은 이 고양이는 전형적인 침잠증상withdrawal symptom을 보여주고 있다. 단단히 웅크린 몸에 꼬리를 두르고는 앞에 놓인 제일 맛있는 간식을 먹는 것조차 거부하는 것이다.

1. 동거하는 다른 고양이와 빚어진 긴장 상태, 또는 새 고양이의 등장.

2. 이웃한 공간에 있는 고양이와 빚어진 긴장 상태. 대담한 개체들은 열린 문이나 고양이 문을 통해 다른 고양이의 집을 방문해서는 그 집에 사는 고양이에게 한층 더 큰 위협을 가하기도 한다.

3. 리노베이션이나 인테리어 공사 같은 집안의 변화와 혼란.

4. 새 갓난아기의 도착.

5. 집사들이 집을 한참동안 비우는 것

스트레스 완화에 유용한 정보

1. 다묘 가정의 경우, 고양이들이 선호한다면 고양이마다 별도의 공간을 차지할 수 있도록 자원을 늘려서 제공하라(141페이지).

2. 집 주위에 페로몬 디퓨저diffuser나 스프레이를 사용하라. 이런 합성제품은 고양이가 물체에 뺨을 문지를 때 남기는 분비물을 모방한 것으로, 고양이의 불안감을 줄여 줄 것이다.

3. 걱정에 빠진 고양이는 다른 고양이가 나타나는지 지켜보면서 창문이나 문을 향한 경계심을 늦추지 않을 것이다. 위협적인 대상을 보지 못하도록 판지 같은 것으로 유리를 일시적으로 가리는 게 도움이 될 것이다.

4. 집에 거주하는 고양이만 출입할 수 있게 해주는, 마이크로칩으로 작동하는 고양이 문은 고양이가 느끼는 안도감을 엄청나게 키워 줄 수 있다.

달갑지 않은 이웃 고양이들이 들어오는 걸 허용하는 고양이 문은 걱정거리가 될 수 있다. 집에 거주하는 고양이만 출입할 수 있는, 자석이나 마이크로칩을 사용하는 고양이 문은 이 문제를 쉽게 해결한다.

흔한 문제와 사용 가능한 해법

문제 행동을 교정하려고 애쓸 때, 체벌이 해답이 아닌 건 확실하다. 고양이는 상황을 이해하지 못할 것이고, 체벌은 문제를 악화시킬 것이다. 예를 들어, 집안의 엉뚱한 장소에 소변을 봤다는 이유로 고양이를 체벌한다고 해서 고양이가 변기로 달려가지는 않을 것이다. 고양이는 소변을 봤다는 단순한 이유로 체벌을 받는다고 생각해서 다음번에 소변을 볼 때는 더 은밀한 장소를 선택하는 반응을 보일 수 있다. 고양이의 행동 원인이 명백할 경우, 그걸 제거하거나 고양이를 그것에서 떼어놓는 것이 첫 행보가 되어야 한다. 다음 단계는 고양이를 적절한 행동 쪽으로 유도하려 애쓰는 것이다. 틀린 행동에 대해 처벌하는 것보다는 옳은 행동에 대해 보상을 하는 식으로 말이다.

스프레잉

고양이는 때때로 문틀이나 벽, 가구 같은 수직적인 표면에 소변을 수평적으로 분출해서 뿌린다. 웅크려 앉아 소변을 보는 평소의 배변과는 매우 다른 행동이다. 고양이가 스프레잉spraying하는 모습을 관찰하지 못했더라도, 그런 일을 했다는 증거는 끈적거리는 마른 오줌자국의 형태로 꽤나 쉽게 찾을 수—냄새를 맡을 수—있다. 이 행동의 배후에 있는 동기는 타고난 영역 본능이다. 중성화된 고양이 대부분은 정상적인 환경에서는 스프레잉을 하는 경향이 거의 또는 전혀 없지만, 스트레스를 받으면 이런 달갑지 않은 행동을 보일 수도 있다.

우선 고양이에게 가해지는 실제 위협이나 인지된 위협을 파악해서 제거하고, 되도록 스트레스를 완화하는 쪽으로 환경을 조정하라. 이전에 스프레잉을 했던 영역을 효소 기반 세제를 써서 철저히 청소하고 알루미늄 포일 같은 물건으로 덮거나, 사료그릇을 놓는 위치를 다른 곳으로 옮기거나 해야 한다. 고양이가 식사하는 곳에 스프레잉을 할 가능성은 적다.

나무 칩 펠릿pellet

변기 밖에 용변보기

고양이는 때때로 변기에 대한 혐오감을 키울 수 있다. 그렇게 되면 고양이는 집 주위의 다른 영역들을 용변 장소로 사용하기 시작한다. 변기가 지나치게 지저분해진 것이 원인일 수 있는데, 그러면 다른 곳을 물색한 고양이는 새로 찾은 표면이 더 좋다고 생각할 경우 변기를 사용하는 대신 그곳을 계속 사용할 것이다. 가끔씩 고양이가 방광염으로 고통을 받았거나 용변을 보는 동안 갑자기 소음이 들렸다거나 하는 식으로 변기와 관련해서 불쾌한 경험을 했다면, 통증이나 소음이 더 이상 존재하지 않을 때도 그 변기에는 부정적인 이미지가 남을 것이다.

변기는 반드시 깨끗하게 관리해야 한다. 그리고 변기는 고양이가 안에서 몸을 놀리기에 충분할 정도로 커야 한다. 집 주위의 조용한 장소에 변기를 더 많이 제공하면 고양이는 그중에서 편안하게 느껴지는 장소를 용변 장소로 선택할 수 있다. 일부 고양이는 지붕이 덮인 변기를 선호하고, 다른 고양이는 위가 트여 있는 변기를 좋아한다. 양쪽을 다 시험해 보고, 다양한 변기 유형(자갈, 나무 칩, 모래, 흙)을 시도해 보라. 스프레잉 문제의 경우, 집안의 더럽혀진 공간을 효소 기반 세제로 청소하고 거기에 사료그릇을 두거나, 매력이 떨어지는 소재로 그곳을 덮어라.

충분한 깊이로 채워진 자갈

변기는 고양이가 안에서 쉽게 몸을 돌리기에 충분할 정도로 커야 한다.

변기는 고양이가 자신만의 공간이라는 안도감을 느끼는 장소에 배치하는 게 이상적이다.

▲ 변기가 자신만의 공간이 되는 걸 선호하는 고양이는 변기 문제에 있어 까다롭게 굴 수 있다. 변기에는 깔개가 꽤 깊이 담겨 있어야 하고 청결해야 하며, 그러면서도 여전히 그 고양이 특유의 냄새가 어느 정도 묻어 있어야 한다.

스크래칭

죽어버린 외곽의 발톱 조직을 제거해서 발톱을 좋은 상태로 유지하기 위해 발톱으로 긁는 것은 고양이의 천성이다. 이건 표지행동marking behavior 이기도 하다. 고양이가 이런 행동을 하게 해줄 곳을 제공해야 한다. 실외의 표면을 긁을 기회를 갖지 못한, 실내에서만 생활하는 고양이에게는 특히 더 그렇다. 스트레스를 받거나 지루해진 고양이는 긁는 행동을 더 많이 할 수 있고, 집안에 있는 물건들의 표면을 자주 그런 곳으로 사용해서 집사들의 심기를 불편하게 만드는 일이 잦다.

고양이에게 발톱으로 긁을 대안적인 물건을 제공하는 게 중요하다. 고양이가 스크래칭을 하려고 몸을 쭉 펴더라도 쓰러지지 않을, 사이잘sisal이나 카펫으로 덮인 튼튼한 스크래칭 포스트 scratching post가 이상적이다. 고양이가 긁어놓은 물건 옆에 이 기둥을 놓은 다음에 앞서 긁은 표면을 덮으면, 고양이가 스크래칭하는 장소를 기둥 쪽으로 유도할 수 있다. 기둥에 캣닙을 덧붙이는 것도 고양이가 그걸 조사하게끔 부추길 수 있다. 고양이가 양탄자나 카펫을 긁는 걸 좋아할 경우, 질감이 비슷한 수평으로 까는 스크래처를 제공해 보라.

◀ 일부 고양이는 스크래칭을 하는 대상으로 특정 소재와 표면을 선호한다. 이 판지 스크래처는 수직적인 표면에 부착되어 있지만, 수평으로 발톱을 긁는 걸 선호하는 고양이를 위해 평평하게 설치되는 경우도 잦다.

▶ 스크래칭 포스트는 고양이가 몸을 쭉 펴도 될 정도로 커야 하고, 고양이가 기대더라도 넘어가지 않을 정도로 튼튼해야 한다.

동거하는 고양이들의 사이가 좋지 않고 이용 가능한 자원을 공유하는 걸 어려워하는 다묘 가정에서는 공격적인 상호
작용의 상태가 악화되는 것이 문제가 될 수 있다.

공격성

공격적인 행동은 여러 이유로 발달할 수 있고, 다른 고양이나 집사를 향해 자행될 수 있다. 공격
성을 유발하는 요인에는 두려움, 영역 보호 습성, 지나친 쓰다듬기, 놀이 등이 포함된다. 영역이
관련된 공격성은 제일 흔한 유형에 속하고, 서로를 동일한 사회적 집단의 일원으로 간주하지 않
는 동거묘들 사이에서 발달한다. 예를 들어, 두 고양이가 예전에 어울린 적이 있다 하더라도 한
쪽 고양이가 집을 잠시 떠났다 돌아왔는데 다른 고양이가 그 직후에 동물병원을 방문하는 등의
불쾌한 일이 생길 경우 공격성이 갑자기 폭발할 수 있다. 다른 상황에서는 그간 축적된 불만이
나 긴장감이 고양이로 하여금 그런 낌새를 채지 못한, 곁에 있는 고양이나 다른 존재를 향해 공
격성을 터뜨리게 만들 수 있다.

　같은 집에 사는 고양이들 사이에서 빚어지는 영역 관련 공격성의 경우, 교정을 위한 대책에
는 각자가 별도로 확보할 수 있는 공동의 자원을 많이 제공한 후 고양이들을 서로에게 서서히
다시 소개하는 방안이 포함되어야 한다(141페이지를 보라). 인간을 향한 (엎드려서 기다리다가 발을
덮치는 것 같은) 포식 유형의 공격성은 격렬한 놀이나 지루함을 통해 발달할 수 있다. 인터랙티브
토이를 갖고 노는 시간들을 갖는 것으로 공격성의 초점을 되도록 사람에게서 장난감으로 옮겨
야 한다(143페이지를 보라). 복잡한 공격성 문제의 경우, 전문적인 반려동물 행동 카운슬러의 도
움을 받을 수 있다.

길고양이와 떠돌이고양이 문제

주인에게 버려져 떠돌이고양이가 되거나 길고양이 군집의 일원으로 살아가는 고양이의 개체수가 전 세계적으로 늘고 있다. 이 고양이들은 인간과 공존하는 지역에서 불가피하게 골칫거리가 되었다. 이 고양이들은 동네와 정원 주위에 변을 보고, 싸우거나 짝짓기를 하면서 요란하게 울어대며, 쓰레기봉투를 뜯어 엉망으로 만드는 바람에 빈번하게 제기되는 민원과 대책 요구의 표적이 되었다. 이런 고양이들을 인간의 건강뿐 아니라 반려동물의 건강도 위협하는 존재로 보는 사람이 많아, 톡소플라스마증과 백선ringworm, 그리고 일부 나라에서는 광견병을 비롯한 전염병을 우려하는 목소리가 커지고 있다. 길고양이가 야생동물에게 끼치는 영향(107페이지를 보라)에 대한 인식이 커지는 것과 더불어, 이런 우려는 고양이의 수를 통제하자는 캠페인으로 이어졌다.

톡소플라스마증

톡소플라소마증Toxoplasmosis의 원인은 날고기와 토양에서 발견되는 기생충 톡소플라스마 원충Toxoplasma gondii이다. 고양이는 감염된 먹잇감을 먹고 질병에 걸린 후, 배설물을 통해 그 질병을 인간에게 옮긴다(그런데 대부분의 사람들은 덜 조리된 고기를 먹어서 이 병에 걸린다). 증상은 가벼운 독감과 비슷한 게 보통이지만, 면역기능이 저하된 개인과 임신부, 갓난아기 같은 일부 사람들은 심각한 합병증을 일으킬 수 있다. 정원을 가꾸거나 변기를 청소할 때 장갑을 끼면 이 병에 걸릴 위험이 줄어든다.

▼ 쓰레기장과 사람들이 주는 사료에서 충분한 먹이를 찾아내려 애쓰는 떠돌이고양이와 길고양이의 삶은 힘겨울 수 있다. 이런 많은 고양이가 사람을 극도로 경계한다. 새끼고양이일 때 사람과 접촉한 경험이 거의 없거나 전혀 없다면 특히 더 그렇다.

▲ 길고양이와 떠돌이고양이는 인간의 손길을 수상쩍어 하는 경향이 있어서 포획하기 까다로울 수 있다. 따라서 TNR 캠페인은 엄청나게 긴 시간과 인내심을 요구한다.
▶ 현재 많은 보호단체와 수의사들이 고양이가 과밀한 지역에서 개체수를 조절하는 걸 도우려고 무료로, 또는 보조금을 받으면서 중성화 서비스를 제공하고 있다.

개체수 조절

전통적으로, 원치 않는 길고양이 군집을 통제할 때 세우는 목표는 사살이나 독살을 통해 집단을 완전히 박멸하는 것이었다. 이 방법은 인기가 없기도 했지만, 여전히 남아 있는 먹이의 출처를 활용하기 위해 새로운 고양이들이 비어 있는 공간으로 이주해 들어오면서 문제가 저절로 다시 빚어지는 바람에 일시적인 해결책에 불과하다는 게 자주 입증되었다. 동물 복지라는 개념이 등장하면서 과밀 개체수 문제를 다루는 더 인도적인 방법의 사용이 장려되었다. 전 세계의 동물보호단체들은 길고양이 군집을 관리하기 위해 포획–중성화–제자리 방사TNR, Trap-Neuter-Return로 알려진 방법을 자주 사용한다. 고양이를 포획해서 외과적으로 불임시술을 한 후 원래 있던 곳으로 돌려보내는 것이다. 중병을 앓거나 장애가 있는 고양이는 안락사시키고, 충분히 어린 새끼고양이를 잡았을 경우에는 인간에게 사회화한 후 입양할 집을 찾아 준다. 되돌아간 집단은 계속 자유로이 살아가지만, 더 이상은 번식을 하지 못하고 그 결과 지역사회에 덜 골치 아픈 존재가 된다.

TNR의 성공은 여러 요인에 달려 있다. 그중 하나는 포획해서 중성화시키는 길고양이의 비율이다. 상당한 비율의 고양이가 포획을 피해 계속 번식해 나가면, 나머지 고양이를 중성화해서 얻는 소득은 미미할 것이다. 비슷하게, 더 많은 고양이가 지역사회로 이주해 올 경우 그 문제는 영원히 지속될 것이다. 로마에서 대규모로 시행된 TNR 프로그램은 10년의 기간 동안 도시의 길고양이 8,000여 마리를 중성화시켜 돌려보냈다. 하지만, 개체수의 전반적인 감소는 많은 고양이가 이주해 들어오는 역풍을 맞았다. 부분적으로는 사람들이 번식력이 있는 건강한 고양이를 유기했기 때문이었다. 그런 캠페인이 어느 모로 보나 장기적인 성공을 거두려면 반려동물을 키우는 대중을 상대로 반려동물 중성화의 필요성에 대한 더 나은 교육을 해야만 한다.

보호소의 고양이 ✎

동물보호소는 개인들이 나름의 공간을 마련해서 운영하는
소규모 단체에서부터 잘 알려진 동물구호단체가 운영하
는 센터까지 다양하다. 그런 단체들은 유기되거나 사람들
이 원치 않는 반려묘, 떠돌이고양이, 임신한 암컷이나 새끼가 딸린 암컷을 받아
들이고, 일부는 길고양이를 상대한다. 보호소는 자원과 공간을 확보하려고 항상 온갖 노력을
다 기울인다. 여전히 해마다 많은 수의 동물이 건강 악화와 고령, 새 주인을 찾기에 적합하지 않
다는 이유, 원치 않는 반려동물이 지나치게 많다는 등의 이유로 안락사된다. 많은 보호소가 건
강한 동물이 안락사당하는 일이 절대 없도록 "안락사 금지" 방침을 갖고 있다. 이런 이유로 대
기 동물 명단이 길고, 그래서 자원해서 동물을 위탁받는 가정이 새 주인을 찾을 때까지 임시로
고양이를 데려가는 일이 흔하다.

특정 고양이하고는 전혀 관련이 없지만 그 고양이의 복지를 염려한 사람이 보호소로 고양이
를 데려오는 일이 잦다. 그 동네를 한동안 떠돌아다녔거나 유기된 채 발견된 고양이일 것이다.
보호소의 큰 부분을 형성하는 반려묘들이 보호소에 들어온 이유로는 묘주의 여건 변화(예를 들
어 고양이를 허락하지 않는 임대시설로 이주해 들어가는 것), 알레르기 발현, 고양이의 문제 행동 등이
흔히 거론된다.

고양이 보호소의 역할

고양이 보호단체의 주된 목표는 보살핌을 받으러 온 고양이를 중성화한 후 적합한 새 주인을

장난감 몇 개, 캣 그라스, 고양이가 방문객의 눈을 피해 몸을 숨기고 잘 수 있는 장소 같은 걸 덧붙이기만 해도 좁고 갑
갑한 보호소의 우리를 엄청나게 개선할 수 있다.

찾아 주는 것이다. 다행히도, 새 반려묘를 찾는 많은 사람이 구조된 고양이에게 제2의 묘생을 살 기회를 줄 것이다. 보호소는 장래의 묘주에게 적합한 고양이를 짝지어 주려고 무척 열심히 일한다. 묘주의 라이프 스타일에 대한 정보를 최대한 많이 수집하고, 그걸 자신들이 데리고 있는 고양이의 배경에 대한 지식과 비교한다.

현대의 보호소는 반려묘를 소유하는 묘주와 지역사회 일반에 대해 고양이의 습성과 욕구, 그리고 중성화의 중요성에 대한 교육을 하는 데 갈수록 큰 역할을 수행하기도 한다. 불행히도, 문제 행동은 새 주인을 찾아갔던 고양이들이 보호소로 되돌아오게 되는 흔한 이유다. 때로는 원래 묘주가 그 문제를 알려주지 않았기 때문이다. 보호소가 고양이를 현재의 가정에 그대로 머무르게 하거나, 새 가정에 정착하는 것을 도우려는 시도로 고양이의 행동을 설명하고 그 문제에 대해 조언해 주는 서비스를 제공하는 일도 자주 있다.

보호소의 복지

변화를 좋아하는 고양이는 없다. 새 장소로 이주해 들어가는 걸 좋아하는 고양이는 특히 없다. 그래서 보호소로 들어가는 것은 고양이 입장에서는 극단적인 스트레스를 받는 일이다. 고양이의 복지에 대한 과학적 연구는 보호소에 있는 고양이의 돌봄과 관리의 수준을 상당히 많이 증진시켰다. 겁에 질린 고양이가 숨을 수 있도록 상자나 지붕이 있는 침대를 제공하는 것 같은, 고양이를 수용하는 방법에 변화를 주는 간단한 방법으로도 스트레스가 상당히 줄어든다는 게 드러났다. 이 장 앞부분에서 기술한 환경 풍부화 기법들은, 각각의 고양이를 관리하는 사람의 수를 최소화하고 꾸준한 일상을 제공하는 것과 더불어, 고양이의 정착을 돕고, 고양이의 진짜 성격을 드러내 보여주며, 바라건대 적합한 새 묘주를 찾는 일을 도와줄 수 있다.

보호단체들은 구조한 고양이들이 보호소에 머무는 기간을 되도록 짧게 만들려고 노력하면서 고양이의 성격을 가늠해 적합한 새 묘주와 짝지어 준다.

현대 고양이의 건강 ✑

수의학 분야의 약물 및 고양이의 영양과 관련한 과학적 지식이 발전하면서, 보살핌을 잘 받은 반려묘는 조상들보다 장수하는 게 보통이다. 많은 고양이가 15살이나 16살까지, 또는 그보다 더 오래 산다. 이에 비해, 중성화 수술을 받지 않고 자유로이 배회하며 자급자족하는 길고양이는 2년 이상을 살지 못하고, 사료를 공급받는 군집의 일원일 경우에는 7살까지 산다. 그렇지만 맛있고 영양이 완비된 식사로 이루어진 정기적인 식단과 장수는 반려묘와 묘주들이 다루어야 할 새로운 문제들을 제기한다.

비만

비만은 갈수록 고양이에게 심각해져 가는 문제다. 인간이 그런 것처럼, 비만은 당뇨와 하부요로 lower urinary tract의 질환, 퇴행성관절염을 비롯한 다른 많은 건강 관련 문제들의 발생 위험을 증가시킨다. 생애의 전부를, 또는 일부를 실내에서만 사는 고양이는 실외에 나갈 수 있는 고양이보다 불가피하게 운동을 적게 하게 되고 과체중이 되거나 비만이 될 수 있다. 이와 비슷하게, 중성화된 고양이는 대사율metabolic rate이 줄어들고, 그래서 사료가 덜 필요하지만, 자신들의 몸 상태에 맞춰 스스로 식사를 조절하지는 않는다. 수의학이 추천하는 적절한 식단, 즉 단백질은 많고 지방과 탄수화물은 적은 식단을 도입하면 체중을 줄이는 데 도움을 줄 수 있다. 건식 사료를 먹일 때는 퍼즐 피더(145페이지를 보라)를 사용하거나 사료를 곳곳에 흩어놓는 방식을 써서 고양이가 몸을 움직여야 찾을 수 있는 형태로 사료를 제공하는 것도 좋은 아이디어다. 식단 관리와 더불어, 고양이에게 몸을 더 많이 움직이라고 설득하는 것도 중요하다. 놀이를 장려하고 높은 곳에 올라가 탐구할 수 있는 곳에 흥미로운 환경을 만들어 주는 것이 이런 일을 할 수 있는 방식이다(142~145페이지를 보라).

고양이는 몸무게가 해당 연령과 성별, 품종의 적정 체중보다 적어도 20퍼센트 더 나가면 비만으로 분류된다. 모든 과체중 고양이는 기대수명을 연장하기 위해 더 많은 운동을 시키는 게 바람직하다.

인지기능장애증후군

고양이가 경험하는 노화 관련 질병 중에는 인지기능장애증후군cognitive dysfunction syndrome이 있다. 인간이 걸리는 알츠하이머 질병과 비슷한 퇴행성 질환이다. 방향감각 상실, 수면 패턴 교란, 특히 밤중에 과도하게 울기, 그리고 일부 경우에는 짜증과 공격성이 늘어나는 것이 증상에 포함된다. 이런 증상에 따른 혼란은 변기를 사용하는 데 실패하거나 그 결과로 집안을 더럽히는 행동이 늘어나는 것으로 이어질 수 있다. 인지기능장애는 평범한 노화와는 다르고 치료법도 없지만, 이 증후군을 일찍 인식해서 적합한 환경 풍부화와 정신적 자극 수단을 도입하면, 아울러 식단을 바꾸고 수의사의 자문을 구한 후 약물치료를 병행하면, 진행 속도를 늦추는 건 가능하다.

노묘는 굉장히 큰 애정을 베푸는 반려동물이 될 수 있고, 적절한 영양과 자극, 수의학적 보살핌을 베풀면 오랫동안 장수할 수 있다.

노묘老猫

고령은 고양이에게 신체적으로도 행동 면에서도 많은 변화를 안겨줄 수 있다. 노묘는 신체적으로 충치, 시력과 청력 저하, 관절 경직, 다른 전형적인 "노화" 문제들에 시달리기 시작한다. 몸이 굳으면 스스로 그루밍하기가 어려워지고, 털가죽의 상태도 악화된다. 행동 면에서, 노묘는 묘주에게 더 다정해지거나 그와 180도 다른 모습을 보인다. 때로는 더 짜증을 내는 듯 보이는데, 통증을 느끼거나 불편할 때 특히 더 그렇다.

노묘와 함께하는 생활

동물보호소를 찾는 많은 방문객이 노묘를 맞아들이는 쪽을 선택한다. 사춘기 고양이가 겪는 고뇌를 비롯한 여러 어려움을 이미 경험한 뒤인 그런 고양이는 놀라울 정도로 차분하고 조용한 친구가 될 수 있다. 그런데 노묘의 묘주는 질병의 조짐이 있는지를 항상 주의 깊게 관찰해야 하고, 고양이를 동물병원에 자주 데려가 진찰을 받아야 한다.

노묘가 좋아하는 취미는 잠자기인 게 보통이다. 따라서 따스하고 안락하며 쉽게 접근할 수 있는 장소들을 제공하면 반가워한다. 그렇지만 노묘도 여전히 노는 걸 좋아한다. 노묘는 약간만 부추기면 묘주가 든 낚싯대 장난감을 조용히 쫓아다니는 놀이에, 또는 판지상자에 든 탁구공을 이리로 저리로 굴리는 놀이에 참여할 것이다.

제6장

고양이 품종 안내

고양이 브리딩 입문

오늘날, 세상에 있는 고양이 중에 다수는 여전히 집고양이, 또는 "나비"—마구잡이로 뒤섞인, 인간이 모르거나 계획하지 않은 유전자 구성을 가진 고양이—다. 대단히 독특하게 생긴 고양이를 창조하려는 유행은 인간과 고양이의 역사에서 대체로 지난 150년의 기간에 국한된, 상대적으로 최근에 벌어진 일이다. 캣쇼에 대한 기록은 일찍이 1598년부터 존재하지만, 당시에 캣쇼에 출품된 고양이들은 생김새와 관련된 특징보다는 사냥 솜씨를 바탕으로 결정되었다.

해리슨 위어Harrison Weir가 기획해서 1871년에 런던의 크리스털 팰리스에서 주최한 최초의 공식적인 캣쇼에는 샴과 맹크스를 비롯한 초기

검정색 집고양이

태비-앤-화이트
집고양이

품종과 관련된 일부 용어

잡종Mixed breed—혈통이 섞였거나 혈통을 모르는 고양이

순종Pure breed—동일한 품종의 고양이들을 조상으로 뒀거나 자신과 혈통이 같은 모든 개체와 품종간 교배가 허용된 고양이

족보Pedigree—특정한 고양이의 조상들에 대한 기록

이종 교배Crossbreeding—품종이 상이한 두 고양이가 짝짓기하는 것. 잡종hybrid이 태어난다.

근친 교배Inbreeding—밀접한 혈연관계에 있는 고양이들끼리 짝짓기하는 것.

(GCCF의 정의를 바탕으로 작성했음)

집고양이, 또는 "나비"라고도 불리는 잡종 고양이는 세계 전역에 있는 고양이 개체수의 대부분을 차지하고, 생김새와 덩치, 색깔, 무늬가 무척 다양하다.

캣쇼에 출연한 이 타이 고양이처럼 족보가 있는 품종들은 품종 기준이라고 알려진, 생김새와 관련이 있는 매우 특유한 기준에 의해 판정된다.

품종이 다수 포함돼 있었고, 이 쇼는 "캣 팬시"로 알려지게 된 활동의 시발점이 되었다. 위어는 자연사 아티스트natural-history artist이자 고양이 브리더였다. 그는 전국고양이클럽National Cat Club, 1887을 창설하고 족보 있는 고양이에 대한 최초의 서적 『우리 고양이와 그들에 대한 모든 것Our Cats and All About Them』(1889)을 출판했다. 사람들은 특정한 고양이의 생김새에 관심을 갖게 되었고, 독특한 "품종breed"을 창출하기 위해 이런 특징들을 영속화하는 작업을 시작했다. 캣 클럽cat club이 세워져 품종의 발달과 전시에 전념했다. 이윽고 더 큰 단체들이 더 체계적인 방식으로 품종들을 통제하고 등록하는 역할을 맡아 "품종 기준breed standard"으로 알려진 각 품종의 특징들을 정의하는 책임을 지게 되었다. 오늘날, 여러 나라에 그런 전국적인 조직이 많이 존재한다. 규모가 큰 단체로는 미국의 고양이애호가협회CFA, Cat Fanciers' Association, 영국의 고양이애호가관리협회GCCF, Governing Council of the Cat Fancy, 아울러 국제적인 조직인 국제고양이협회TICA, the International Cat Association, 국제고양이연맹 FIfe, Fédération Internationale Féline 등이 있다. 이런 다국적 시스템이 있을 경우 예상되듯, 품종 기준은 등기소registry마다 상당한 차이가 있고, 일부 단체가 인정하는 품종들은 다른 단체가 인정하는 품종들과 다를 수 있다.

파운데이션 품종

인간이 세계 곳곳을 여행하는 동안, 인간의 동반자인 고양이도 불가피하게 다른 개체군들과 상대적으로 단절된 장소에 도착했다. 그런 소규모의 고립된 집단은 유전자 풀gene pool이 제한되어 있었고, 그래서 생김새의 특유한 형질이나 변화의 주된 원인인 자연발생적인 유전적 돌연변이가 영속화할 가능성이 규모가 큰 개체군에 비해 더 컸다. 따라서 고립된 채로 여러 세대를 살아가는 동안 이런 형질들이 서서히 더 보편화되었다. "창립자founder" 효과로 알려진 이 효과는 세계의 상이한 지역들에서 고양이의 상이한 품종, 또는 자연적인 품종이 최초로 발달하게 된 원인이다. 이런 현지의 고양이 변종 다수가 초기 고양이 애호가의 눈을 사로잡았고, 일부는 서서히 하나의 품종으로 인정받고 등록되었다. 그런 고양이들은 파운데이션 품종foundation breed으로 알려지게 되었는데, 이런 품종은 대략 22종 있다(파운데이션 품종으로 간주되는 품종의 수는 상이한 등기소마다 차이가 있다). 이 품종들은 선택적으로 브리딩 작업이 개시된 이후로 탄생한 현대의 많은 품종의 기반이다.

신품종

초기의 고양이 애호가들은 품종과 색깔의 다양한 조합을 이종 교배하는 실험을 했고, 순전히 우연에 의해 새로운 변종을 발견하는 경우가 잦았다. 유전학 관련 지식의 거대한 발전이 이루어지면서, 이제 브리딩은 훨씬 더 정확한 과학에 기반을 둔 직업이 되었다. 브리더들은 옛 품종의 변종을 만들어내기 위해, 또는 완전히 새로운 품종을 만들어내기 위해 기존의 품종들에 새로운 돌연변이를 통합하는 창립자 효과를 활용한다. 파운데이션 품종을 분석한 결과는 그 품종에 속한 개체들의 유전적 구성이 서로서로 꽤나 다르다는 걸 보여주지만, 이런 창립자들을 바탕으로 개발된 신품종은 오리지널 품종하고는 유전적으로 거의 차이가 나지 않는 경우가 흔하다. 때때로 단모 품종의 장모 버전을 개발하는 것을 통해, 또는 샴을 바탕으로 개발된 오리엔탈 숏헤어처럼, 오리지널 품종의 털이나 무늬에 변화를 주는 것을 통해 신품종이 자리를 잡기도 한다(예를 들어, 소말리Somali는 이런 식으로 아비시니안에서 개발되었다). 다른 품종들은 원하는 특징 한두 가지를 신품종에 통합하기 위해 기존의 품종들을 의도적으로 이종 교배해서 창조되었다. 예를 들어, 오시캣Ocicat은 샴과 아비시니안 품종을 교배해서 만든 품종이다.

러시안 블루Russian Blue는 러시아의 아르한겔스크 Arkhangelsk 항구 주위에서 유래한 것으로 판단되는 자연적 파운데이션 품종의 한 사례다.

페르시안은 얼굴이 납작한, 또는 단두증을 앓는 품종이다. 다양한 정도의 단두증 증세를 보이는 다른 품종들은 그와 관련된 건강상의 문제에 시달리는데, 이그조틱 숏헤어Exotic Shorthair와 히말라얀, 버미즈 같은 품종이 이에 해당한다.

순종의 행동 특징

품종은 대체로 성격이 아니라 원하는 생김새를 얻으려고 브리딩되지만, 일부 순종은 꽤나 독특한 행동 특성을 보이는 걸로 알려져 있다. 예를 들어, 벵갈Bengal과 아비시니안은 특히 활발한 품종인 반면, 페르시안과 랙돌은 상대적으로 몸을 움직이지 않는 성격을 타고났다. 동양의 품종들, 특히 샴과 관련이 있는 품종들은 묘주를 향해 많이 우는 것으로 유명하다.

무척 활발한 품종으로 잘 알려진 벵갈은 꽤 많은 운동과 자극이 필요하다. 실내에서 기를 경우에는 특히 더 그렇다.

극단적인 브리딩

파운데이션 품종은 생김새에 선천적인 차이가 많이 나는데, 브리더들은 품종을 개발할 때 이런 차이점에 초점을 맞추면서 이런 형질들 중 다수를 한층 더 강조했다. 전형적인 사례이자 세계에서 제일 오래된 품종에 속하는 게 페르시안이다(181페이지를 보라). 페르시안은 단두증brachycephallia으로 알려진 질환인, 얼굴이 한층 더 납작해지도록 서서히 번식되었다. 페르시안의 이런 "울트라 유형ultra-type" 또는 "페키니즈peke 견종犬種" 같은 형태는 호흡 곤란과 누관tear duct 막힘을 비롯한 건강상의 문제에 시달리는 일이 흔하다. 또 다른 사례는 샴이 갈수록 호리호리한 두상과 체형을 갖도록 브리딩된 것인데, 이는 때때로 뼈가 잘 부러지고 두개골이 기형이 되는 등의 문제로 이어진다. 유전자 선택은 원하는 형질을 얻게 해주기도 하지만, 우연히도 신체 다른 부위의 통증이나 불편함을 초래할 수도 있다. 스코티시 폴드Scottish Fold가 그런 사례로(184페이지를 보라), 이 품종의 특징인 접힌 귀를 만들어내는, 연골 형성에 영향을 주는 돌연변이는 신체 다른 부위에서 끔찍한 연골 통증과 뼈 관련 문제들을 초래할 수도 있다. 현재 품종 등기소들은 브리딩의 부작용을 모니터하고 고양이의 복지에 부정적인 영향을 주는 품종 개발을 막기 위해 수의사와 유전학자들과 밀접하게 연계해 작업한다.

▶ 스코티시 폴드는 논란이 많은 품종이다. 귀가 접히게 만드는 유전자가 신체 다른 곳의 연골에도 연골을 약화시키는 영향을 주기 때문이다.

근친 교배

극단적인 특징을 빚어내려고 동일한 유전자 풀에 속한 고양이들을 거듭해서 브리딩시키는 것은 근친 교배(inbreeding, 맞은편 페이지 상자를 보라)로 알려져 있다. 페르시안에서 보듯, 근친 교배는 그 결과로 나타나는 극단적 형태 때문에 생기는 신체적 건강상의 문제와 더불어, 다른 유전적 문제도 안겨

버미즈는 동남아시아의 오래된 파운데이션 품종이다.

줄 수 있다. 근친 교배는 한 품종 내의 유전적 다양성을 줄여서 한 개체군 내에서 자연적으로 사라질지도 모르는 해롭거나 바람직하지 않은 유전자가 그 유전자 풀 내부에 남아 영속화하게 만들고, 때로는 그 개체군을 약화시키는 질병이나 질환을 야기한다. 예를 들어, 진행성 망막 위축증PRA, progressive retinal atrophy은 아비시니안과 페르시안을 비롯한 특정 품종을 괴롭히는 퇴행성 안과 질환이다. PRA는 이 두 품종에서 다른 형태를 취하는데, 원인은 상이한 유전자 때문이다. 두 경우 모두 열성 유전자가 원인이지만 말이다. 이건 그런 유전자를 한 카피만 보유하면 그 질환의 발현으로 이어지지는 않고, 그 유전자를 가진 고양이는 보인자가 될 거라는 뜻이다. 하지만, 일부 품종의 유전자 풀이 협소하면 더 많은 고양이가 (부모 각각에게서 한 카피씩) 유전자 두 카피를 물려받으면서 질병을 얻는 결과로 이어진다.

태국이 원산지인 샴은 세계에서 제일 오래된 고양이 품종에 속한다.

유전자 검사

다행히도, 브리더들은 유전학 덕에 브리딩 작업을 하기에 앞서 잠재적으로 해로울 수 있는 유전자 중 일부를 걸러낼 수 있다. 그런 질환이 브리딩에 사용되는 고양이 무리 내에서 영속화하는 걸 피하기 위해서다. 이어지는 다음 섹션에는 각각의 품종을 소개하면서 각 품종의 훨씬 더 많은 건강상 우려가 정리되어 있다. (의학용어의 용어사전도 214페이지에 제공되어 있다.) 다른 오리지널 품종의 변종으로 개발된, 또는 상이한 품종을 의도적으로 이종 교배해서 개발된 파생 품종은 부모 품종(들)에서 발견된 것과 비슷한 건강상 우려에 민감하고, 개체들은 브리딩을 위해 활용되기에 앞서 이런 질환들의 검사를 받는 게 이상적이다.

▶ 통키니즈는 버미즈와 샴을 이종 교배한 품종이다. 이 품종의 신체적 특징과 건강상 우려되는 점은 두 부모 품종에서 파생된 것들이 결합된 것이다.

이계 교배

근친 교배와 관련이 있는 건강 문제가 증가하는 것을 예방하는 논리적인 방법은 기존의 유전자 풀에 새로운 유전자 풀을 통합하는 것이다. 이계 교배outcrossing로 알려진 이 방법은 브리더가 새 품종을 창조하려고 두 품종을 교배시킬 때 가끔씩 발생한다. 최근의 과학적 분석은 세계 전역에 존재하는 상이한 품종들의 유전적 다양성에 어마어마한 변종이 있다는 걸 밝혀냈고, 품종 등기소들은 유전자 풀이 매우 제한되어 있을 때는 이계 교배를 장려할 필요성이 있다는 걸 인정한다. 현재 등기소들이 내놓은 기준에는 특정한 품종과 이종 교배하기에 적합한 품종은 어떤 것들인지도 포함돼 있다. 품종의 개발은 브리더들 사이에서 이런 식으로 꾸준히 이루어지고 있다.

잡종강세

잡종강세(hybrid vigor, 또는 heterosis)는 두 부모를 짝짓기시켜서 그 결과로 부모의 유전자가 섞였을 때 건강을 비롯한 다른 바람직한 형질들이 강화된 후손이 태어나는 것을 가리킨다. 처음에는 두 상이한 품종의 매력적인 특징들을 결합하는 것을 가리키는 표현으로 자주 사용되었는데, 추가된 잡종강세는 보너스로 볼 수 있다.

종간 잡종species hybrid

이색적으로 보이는 털을 빚어내고 싶다는 욕망은 집고양이를 상이한 유형의 야생고양이와 이종 교배하는 실험을 하는 쪽으로 많은 브리더들을 이끌었다. 이런 프로그램들 중에서 제일 성공한 품종은 벵갈로, 현재 대부분의 국제적 품종 등기소들이 이 품종을 인정한다. 삵Asian leopard cat과 집고양이를 교배해 얻은 이 품종은 현재 세계에서 제일 인기 좋은 품종 10위권에 속해 있다. 하지만 품종을 개발하는 데는 어려움이 없지 않다. 초기의 잡종 세대들은 대단히 야생적인 후손을 낳기 때문이다. 벵갈은 여전히 무척 활발한 품종이지만, 초기의 이런 기질 문제는 세심한 브리딩을 통해 대부분 해결되었다. 하지만 이 작업은 야생고양이를 집고양이와 이종 교배하는 게 적합한 일이냐 하는 의문을 제기한다. 많은 보수주의자와 집고양이 전문가들은 그런 번식을 반대한다. 그럼에도 불구하고, 다른 많은 야생고양이 종과 교배한 잡종이 많이 만들어졌고, 일부는 더 개발되면서 신품종이 되었다. 사바나(Savannah, 집고양이와 서발을 교배해서 얻은 품종)와 초시(Chausie, 정글고양이와 집고양이를 교배한 것)가 여기에 속한다. 이런 품종들 중에서 한 곳 이상의 등기소로부터 인정을 받은 품종은 거의 없지만 말이다.

▶ 사바나는 집고양이를 서발과 교배시켜 만들어낸 품종이다. 아름답게 생긴 사바나는 극도로 활발하고 모험심이 강하며 많은 것을 요구하는 반려묘가 될 수 있다.

벵갈 *Bengal*

몸무게 3.5~7kg
유전적 배경 종간 잡종(삵과 단모 집고양이)
그루밍 필요 정도 낮다.
활발함 수준 매우 높다. 넓은 공간과 많은 자극이 필요하다.
기질 무척 영리하고, 호기심이 많으며, 노는 걸 좋아한다. 물을 좋아한다. 사교적이고, 상호작용을 좋아하며, 많이 운다. 다른 고양이와 있으면 영역을 보호하려 들 수 있다.
건강상 우려되는 점 고양이 편평흉 증후군flat-chested kitten syndrome, 심근비대증, 진행성 망막 위축증, 피루브산키나아제 결핍증.

원산지 미국

배경 정보   벵갈은 과학자들이 고양이백혈병을 줄이는 작업에 삵(프리오나일루루스 벵갈렌시스Prionailurus bengalensis)의 선천적 면역력을 활용하려고 시도한 1970년대에 비롯되었다. 과학자들은 삵을 단모 집고양이와 이종 교배하면서 삵의 면역력이 반려묘 개체군에 통합될 수 있기를 희망했다. 그 목표를 달성하는 데는 실패했지만, 브리더들은 그 결과로 탄생한 매력적인 잡종을 계속 이종 교배해서 결국 생김새는 야생고양이의 그것이지만 기질은 집고양이에 더 가까운 오늘날의 벵갈을 탄생시켰다.

프로필   벵갈의 몸은 크고 근육질이며 탄탄하다. 야생고양이 유형의 반점/로제트(rosette, 장미 모양의 무늬-옮긴이)나 마블링(marbling, 대리석처럼 불규칙한 무늬-옮긴이)이 있는 세련된 무늬가 그 몸을 강조하고, 아름답고 부드러운 털과 태비의 전형적인 얼굴 무늬가 거기에 결합되어 있다. 털의 색깔은 다양할 수 있는데, 제일 인기 좋은 색은 오리지널 브라운이지만, 블루, 스노snow, 실버silver도 존재한다. 털이 "반짝반짝 빛나는glittered" 것 같은 개체도 있는데, 털끝에 색소가 없는 게 원인이다. 대부분의 벵갈의 눈 색깔은 그린이나 골드, 옐로지만, 일부 개체의 눈은 블루와 아쿠아(aqua, 청록색-옮긴이)도 있다.

토이거 *Toyger*

몸무게 3~7kg
유전적 배경 벵갈의 변종
그루밍 필요 정도 낮다.
활발함 수준 높다. 실외에 나가는 걸 즐긴다. 실내에서만 생활하는 고양이는 적절한 공간과 정신적 자극이 필요하다.
기질 외향적이고, 우호적이며, 당당하다. 영리하고, 상호작용을 좋아한다. 노는 걸 좋아하고, 조련하기 쉽다. 장기간 혼자 놔두는 건 적합하지 않다.
건강상 우려되는 점 무유증agalactia, 심근비대증, 진행성 망막 위축증.

원산지 미국

배경 정보 얼마 전에야 생겨난 신품종으로 여전히 상대적으로 희귀한 토이거는 원래 미국에서 1980년대 말에 개발되었다. 강렬한 외모는 호랑이를 연상시키는 무늬를 보여주는 단모 매커럴 태비 집고양이와 벵갈을 조심스레 교배해 얻은 것이다. 인도에서 데려온, 두 귀 사이에 독특한 반점무늬가 있는 길고양이가 이 품종을 더 개발하는 작업에 관여되었다.

프로필 토이거는 머리가 중간 크기의 쐐기 모양이고, 지면에 아주 가까운 위치에 놓인 기다란 근육질 몸통은 대형 야생고양이와 비슷한 걸음걸이를 가진 탄탄한 외모를 연출한다. 하지만, 이 품종을 두드러지게 만들어 주는 것은 짧고 촘촘한 털이 만들어내는 무늬다. 때때로 촛불의 불꽃에 비유되는, 몸통에 있는 변형된 매커럴 무늬는 마구잡이로 끊어진 수직 줄무늬로 구성된다. 얼굴의 무늬는 평범한 태비와 달리 원형 패턴이다. 무늬는 "금가루가 떨어지는dusting of gold" 것 같은 환상을 주는, 오렌지나 탠(tan, 황갈색-옮긴이) 배경색 위의 다크 브라운이나 블랙이다.

아비시니안 *Abyssinian*

몸무게 2.7~4.5kg
유전적 배경 파운데이션 품종(아마도 인도)
그루밍 필요 정도 낮다.
활발함 수준 굉장히 활발하다. 높은 곳에 오르는 걸 좋아한다. 안전하다면 실외에 나가게 해주는 게 좋다.
기질 무척 영리하고, 호기심이 많으며, 노는 걸 좋아한다. 사교적이고, 충직하다. 조용하게 쫏쫏 소리를 낸다. 고집이 셀 수 있다.
건강상 우려되는 점 아밀로이드증amyloidosis, 치주질환, 슬개골 탈구patellar luxation, 진행성 망막 위축증, 피루브산키나아제 결핍증.

원산지 인도

배경 정보 아비시니안은 제일 오래된 집고양이 품종에 속한다. 이 품종의 실제 기원은 모호하고―이 고양이가 고대 이집트의 무덤에 묘사된 고양이라는 이야기부터 1860년대에 아비시니아전쟁이 끝나면서 병사들이 데리고 돌아온 고양이라는 이야기까지―많은 이야기가 넘쳐난다. 이름이 아비시니아와 관련이 있고 아프리카들고양이와 닮았지만, 유전 분석 결과 이 품종의 원산지는 에티오피아(아비시니아의 현재 이름)가 아니라 인도의 벵골만이라는 게 밝혀졌다. 1800년대 말에 영국에서 개발되었고, 1900년대 초에 미국으로 가는 길에 올랐다.

프로필 몸은 호리호리하고 탄탄하고, 머리는 쐐기 모양이며, 귀는 크고, 아몬드 모양의 눈은 골드나 앰버, 그린이다. 트레이드마크인 "틱드(ticked, 털 한 가닥에 여러 색깔이 밴드 형태를 이루어 나타나는 것-옮긴이)나 아구티(agouti, 털의 뿌리부터 끝까지 반복적인 줄무늬가 나타나는 것-옮긴이) 털이 잘 알려져 있는데, 각각의 털에는 세로 방향으로 밝은 색상의 밴드가 섞이면서 털끝으로 가면서 색이 짙어진다. 새끼고양이는 짙은 색으로 태어나고, 자라는 동안 색이 밝아진다. 전통적인 색은 불그스름한 색(ruddy, "유주얼usual"로 알려져 있다)이지만, 폰fawn과 소렐(sorrel, 붉은빛의 갈색-옮긴이), 초콜릿, 블루를 비롯한 다양한 색이 있다.

소말리 *Somali*

몸무게 2.7~4.5kg
유전적 배경 아비시니안의 변종
그루밍 필요 정도 보통
활발함 수준 높다. 높은 곳에 오르고 점프하는 걸 무척 좋아한다.
안전하다면 실외에 나가게 해주는 게 이상적이다.
기질 무척 영리하고, 호기심이 많다. 에너지가 넘치고, 노는 걸
좋아한다. 물건을 던지면 물어서 돌아오는 걸 좋아한다. 사교성
이 좋고, 다정하며, 충직하다. 랩 캣lap cat은 아니다.
건강상 우려되는 점 아밀로이드증, 치주질환, 슬개골 탈구, 진행
성 망막 위축증, 피루브산키나아제 결핍증.

원산지 미국

배경 정보 소말리는 본질적으로 단모 아비시니안(맞은편 페이지를 보라)
의 장모 변종이다. 품종명은 아비시니안 품종과 가깝다는 걸 드러내기
위해 에티오피아(예전의 아비시니아)와 국경을 맞댄 소말리아Somalia에서
딴 것이다. 현재 밝혀진 유전적인 정보는 아비시니안 품종의 실제 원산
지는 벵골만이라는 걸 가리키는데, 소말리는 아비시니안 새끼고양이들
가운데 장모 새끼고양이가 계속해서 나타난 후에 미국에서 개발되었다.
이 품종의 활발한 브리딩은 1960년대에 본격적으로 시작되었다.

프로필 아비시니안처럼, 소말리의 몸통은 우아하고 탄탄하며 머리는
쐐기 모양이다. 귀는 크고 뾰족하며, (골드나 그린 색조인) 눈은 아몬드 모양
이고, 털이 많은 꼬리 때문에 "여우 고양이fox cat"라는 별명을 얻었다.
품종 등기소에 따르면 긴 털의 색은 여러 가지가 있는데, 전통적인("유주
얼") 색깔은 블랙이 섞인 그윽한 골든 브라운 틱드다. 목 주위의 털은 길
고 풍성한 갈기를 형성하는데, 귀와 발가락 사이에도 털 다발이 있다.

샴 *Siamese*

몸무게 3.5~7kg
유전적 배경 파운데이션 품종–동남아시아
그루밍 필요 정도 낮다.
활발함 수준 높다.
기질 영리하고, 외향적이며, 사교적이다. 개처럼 행동한다(물건을 던지면 물어서 돌아오는 걸 무척 좋아한다). 특정한 한 사람과 유대관계를 맺는다. 무척 많이 운다. 오랫동안 혼자 두기에는 부적합하다.
건강상 우려되는 점 천식(기침), 일부 암, 리소좀 축적질환lysoso-mal storage diseases, 이식증pica, 진행성 망막 위축증.

원산지 태국

배경 정보 샴(Siam, 태국)이 원산지인 샴은 초창기 고양이 품종 중 하나로, 『탐라 마에우(고양이 시집)』(114페이지를 보라)를 통해서도 알려져 있다. 세세한 사연은 두리뭉실하지만, 이 품종은 사찰에서 기르는 신성한 고양이의 후손으로 왕족만이 소유할 수 있다는 이야기가 있다. 샴, 또는 "샴 왕족의 고양이"는 1880년대 말에 미국과 영국에 도착했고, 아주 초창기 캣쇼에 모습을 나타냈다.

프로필 전통적인 샴은 해당 품종의 현대 버전보다 몸통이 무척 다부지고, 머리는 더 동그라며, 귀는 작다. 오늘날의 샴은 다리가 길고, 몸통은 유연하고 근육질이며, 두상은 좁은 삼각형 모양이고, 귀가 크다. 아몬드 모양의 눈은 파란색이다. 원래는 사시斜視였는데, 이 형질은 세심한 브리딩을 통해 서서히 사라졌고, 이 품종의 특징으로 여겨졌던 구부러진 꼬리도 함께 사라졌다. 털은 짧고 윤이 나며, 언더코트가 없다. 지금은 메인 코트main coat와 말단부위 모두 털의 색상이 훨씬 다양하다.

발리네즈 *Balinese*

몸무게 3.5~7kg
유전적 배경 샴의 변종
그루밍 필요 정도 털이 길지만, 단층 코트여서 상대적으로 쉽다.
활발함 수준 높다.
기질 호기심이 많고, 외향적이며, 노는 걸 좋아한다. 샴보다는 조용하게 운다. 대단히 사교적이고, 관심을 받고 싶어 하며, 묘주와 끈끈한 유대관계를 맺는다. 장기간 혼자 남겨두기에는 적합하지 않다.
건강상 우려되는 점 간(肝) 아밀로이드증, 진행성 망막 위축증, 사시증strabismus.

원산지 미국

배경 정보 발리네즈라는 이름은 발리Bali의 우아한 댄서들을 닮았다고 해서 붙은 것이다. 원산지는 인도네시아가 아니라 미국으로, 샴 품종의 장모 버전으로 개발되었다. 과거에 샴에게서 가끔씩 털이 긴 새끼 고양이들이 태어났다고 알려졌는데, 이 품종을 의도적으로 개발한 건 1950년대 중반쯤부터였다.

프로필 발리네즈의 몸은 뼈대가 가늘고 호리호리하기는 하지만 무척 강하고 탄탄하다. 머리에는 사파이어 같은 파란 눈이 자리하고 있고, 머리 위에는 큰 귀가 있다. 중간 정도 길이의 털은 언더코트가 없는 단층으로, 결이 몸통과 반대 방향이다. 꼬리에 난 솜털은 훨씬 더 길어서 꼬리를 깃털로 장식한 것 같아 보인다. 색깔은 원래는 전통적인 샴의 실 포인트seal point, 초콜릿 포인트, 블루와 라일락 포인트였지만, 컬러포인트 숏헤어Colorpoint Shorthair 품종과 이종 교배하는 걸 통해 품종을 더욱 개발하면서 토터셸과 링스lynx 같은 전통적이지 않은 색깔과 포인트가 탄생했다. 일부 등기소는 이런 변종들을 별도의 품종—자바니즈 Javanese—으로 간주하지만, 다른 등기소들은 발리네즈의 일부로 본다.

하바나 *Havana*

몸무게 2.7~4.5kg
유전적 배경 샴의 변종
그루밍 필요 정도 낮다.
활발함 수준 보통
기질 외향적이고, 우호적이며, 노는 걸 좋아한다. 요구하는 것이 많고, 많이 울지만, 친척관계인 샴보다는 울음소리가 부드럽다. 인간의 곁에 있는 걸 무척 좋아해서, 장기간 혼자 놔두는 데는 적합하지 않다.
건강상 우려되는 점 고양이 편평흉 증후군, 간 아밀로이드증, 진행성 망막 위축증.

원산지 영국과 미국

배경 정보 하바나 또는 하바나 브라운Havana Brown은 1950년대에 영국에서 검정색 집고양이와 초콜릿 포인트 샴을 이종 교배해 만들어 낸 품종이다. (이 품종의 기원에는 러시안 블루도 일부 섞인 것으로 여겨진다.) 당시, 체스트넛 포린 숏헤어Chestnut Foreign Shorthair로도 알려졌던 이 품종은 미국으로 수출돼 다르게 개발되었다. 현재 영국에서 이 품종은 오리엔탈 숏헤어의 한 유형으로 간주된다. 유전적 다양성이 줄어드는 것은 이 품종이 나중에 검정색 단모 집고양이와, 특히 오리엔탈 숏헤어 변종들과 이종 교배를 통해 발흥했다는 걸 뜻한다. 하바나라는 이름의 유래에 대해서는 다양한 주장이 존재한다. 그윽한 갈색 털이 쿠바산 하바나 시가의 색깔과 닮아서 그렇다는 이야기가 있는가 하면, 색깔이 똑같은 하바나 토끼Havana rabbit와 비슷하게 생겨서 그렇다는 주장도 있다.

프로필 하바나의 영국 버전은 쐐기 모양의 두상에 나팔 모양의 귀를 가진 오리엔탈의 생김새가 더 많이 보이지만, 미국 버전은 주둥이가 "옥수숫대corncob" 모양이고, 그래서 두상이 독특한 "백열전구" 모양이다. 귀는 앞으로 기울어졌고 머리는 너비보다 길이가 더 길다. 윤이 나는 털은 발그레한 브라운이나 라일락이다. 수염은 털 색깔과 일치하고, 눈은 녹색이다.

오리엔탈 숏헤어 *Oriental Shorthair*

몸무게 4~6.5kg
유전적 배경 샴의 변종
그루밍 필요 정도 낮다.
활발함 수준 높다. 많은 자극이 필요하다.
기질 영리하고, 호기심이 많으며, 무척 사교적이다. 에너지가 넘치고, 노는 걸 좋아한다. 물건을 던지면 물어서 돌아오는 걸 좋아한다. 많이 울고, 분주한 집안을 선호하며, 장기간 혼자 놔두는 걸 좋아하지 않는다.
건강상 우려되는 점 간 아밀로이드증, 진행성 망막 위축증.

원산지 영국

배경 정보 오리엔탈 숏헤어는 1950년대에 영국에서 샴과 러시안 블루, 아비시니안, 브리티시 숏헤어를 이종 교배해서 개발된 품종이다. 그들의 비非포인티드nonpointed 후손들을 다시 샴과 역교배cross back해서, 형태상으로는 샴과 비슷하지만 털 색깔과 무늬는 엄청나게 다양한 품종이 생겨났다. 1970년대에 미국에 도착한 이 품종은 더 많은 색깔을 빚어내기 위해 한층 더 개발되었다. 오리엔탈 숏헤어를 명명하는 법은 세계 전역의 등기소마다 다양해서, 일부 등기소는 특정 변종들을 별도의 품종으로 구분한다.

프로필 오리엔탈 숏헤어는 길고 늘씬하지만, 놀라울 정도로 근육질이고 체중도 보기보다 많이 나간다. 큰 나팔 모양의 귀가 쐐기 모양의 머리 위에 자리 잡고 있다. 짧은 털은 윤이 난다. 오리엔탈 롱헤어 Oriental Longhair라는 털이 중간 길이인 버전도 있다. 두 버전 다 사실상 모든 색깔과 무늬를 보여준다. 아몬드 모양의 눈은 녹색이나 노란색이 도는 녹색이고, 두 색깔의 털을 가진 개체들은 때때로 오드아이인 경우가 있다.

타이 *Thai*

몸무게 2.7~5.5kg
유전적 배경 샴의 변종
그루밍 필요 정도 낮다.
활발함 수준 높다.
기질 영리하고, 노는 걸 좋아하며, 외향적이고, 인간에게 굉장히 집중한다. 음역 범위가 넓은 울음소리로 떠든다. 요구하는 게 많을 수 있다. 장기간 혼자 놔두는 데 적합하지 않다.
건강상 우려되는 점 갱글리오사이드 축적증gangliosidosis

원산지 태국

배경 정보 태국에서는 "달의 다이아몬드moon-diamond"라는 뜻의 "위치엔마아트Wichienmaat"로 알려져 있는 타이는 19세기 말과 20세기 초의 구식舊式 샴의 생김새를 유지하기 위해 번식되었다. 샴이 개발되면서, 브리더들은 오늘날 볼 수 있는 더 극단적인 샴을 낳기 위해 뼈대가 가늘고 호리호리한 체형을 선택했다. 더 전통적인 외모를 선호한 일부 브리더들이 1990년대에 별도의 품종으로 타이를 개발했다. 나중에 태국에서 토종 고양이를 도입한 게 유전자 풀을 보충하는 데 도움을 주었다.

프로필 타이의 몸은 길고 우아한 체형이지만, 외모는 전혀 극단적이지 않다. 얼굴 모양이 독특하다. 뺨은 둥글고 윗부분이 꽤 넓다. 이마는 길고 납작하며, 주둥이는 아래로 갈수록 가늘어지는 쐐기 모양이다. 털은 짧고, 연한 배경색 위에 다양한 포인티드 색깔이 올려져 있다. 눈은 아몬드 모양의 파란색이다. 타이 라일락Thai Lilac은 독특하게 끝부분이 실버인 분홍빛 도는 베이지색이고, 눈은 녹색이다.

스노우슈 *Snowshoe*

몸무게 3~5.5kg
유전적 배경 샴의 변종
그루밍 필요 정도 낮다.
활발함 수준 높다. 실내에서만 생활해야 하는 고양이는 풍부화를 많이 해줘야 한다.
기질 영리하고, 외향적이며, 노는 걸 좋아한다. 물을 즐긴다. 다정하고 느긋하며, 특히 한 사람하고만 강한 유대관계를 맺는 일이 잦다. 수다스럽지만 목소리가 샴보다 부드럽다. 장기간 혼자 놔두는 데 적합하지 않다.
건강상 우려되는 점 다낭성 신장질환

원산지 미국

배경 정보 원래 "실버 레이스Silver Laces"로 알려졌던 스노우슈는 1960년대에 미국에서 샴이 낳은 한배의 새끼고양이들에서 유래한 품종이다. 그중 세 마리의 발이 흰색이었다. 이 고양이들을 턱시도 무늬의 아메리칸 숏헤어와 이종 교배하자 머리에 "V"자 모양 반점이 있고 이 품종의 이름이 된 독특한 흰 발을 가진 포인티드 고양이가 태어났다. 예측 가능한 무늬를 가진 스노우슈를 번식하는 건 어려운 일이다. 그래서 이 품종은 꽤나 희귀한 종으로 남았다.

프로필 스노우슈의 몸은 길고 탄탄하며 놀라울 정도로 힘이 넘친다. "애플헤드applehead" 모양의 두상은 옛날의 전통적인 샴 품종의 두상과 닮았다. 단층의 짧은 털은 샴과 동일한 색깔을 띠고, 색깔과 포인트는 시간이 지나는 동안 생겨난다. 새끼들은 순백색으로 태어난다. 개체별로 무늬가 다양하지만, 이상적인 성묘는 앞발에 흰색 미튼을 끼고 있고, 뒷발에는 기다란 부츠boots를 신고 있어야 하며, 눈 사이에는 뒤집어진 흰색 "V"가 있어야 한다. 호두 모양의 눈은 항상 파란색이다.

오시캣 *Ocicat*

몸무게 2.7~6.5kg
유전적 배경 교배종(삼과 아비시니안)
그루밍 필요 정도 낮다.
활발함 수준 높다. 에너지가 넘치고 운동 능력이 좋다.
기질 우호적이고, 당당하며, 영리하다. 인간에게 초점을 맞추지만 요구하는 게 많지 않다. 개처럼 행동한다. 조련이 쉽고, 물건을 던지면 물어서 갖고 오는 놀이를 즐긴다. 북적거리는 가정에 적합하다.
건강상 우려되는 점 진행성 망막 위축증, 피루브산키나아제 결핍증, 파운데이션 품종의 다른 문제들.

원산지 미국

배경 정보 놀랍게도, 외모만 보면 야생 오실롯과 집고양이를 교배해서 얻은 품종처럼 보이지만, 사실은 집고양이 품종들을 우연히 이종 교배하면서 생겨난 결과물이다. 1960년대에 미시간의 어느 브리더가 삼을 아비시니안과 교배해 틱드 포인트 샴Ticked Point Siamese을 개발하려 시도 중이었다. 2세대의 고양이들을 짝지었을 때 예상하지 못한 반점이 있는 통가Tonga라는 새끼고양이―최초의 오시캣―가 태어났다. 이 품종은 아메리칸 숏헤어를 포함시키면서 한층 더 개발돼 더 크고 튼튼한 고양이가 생겨났다.

프로필 오시캣의 몸은 크고 근육질이며 탄탄하고, 두상은 쐐기 모양이며, 눈이 크다. 크고 살짝 비스듬한 아몬드 모양의 눈은 파란색을 제외한 모든 색을 띨 수 있다. 유명한 반점은 부드럽고 윤이 나며, 토니(tawny, 황갈색-옅긴이)와 초콜릿, 시나몬, 블루, 라일락을 비롯한 다양한 색깔을 보여주고, 이들 중에는 폰과 실버 변종도 있다. 온몸에는 엄지손가락 지문 모양의 반점이 있는데, 이 반점들은 옆구리에 흥미로운 "과녁bull's eye" 무늬를 형성한다.

버미즈 *Burmese*

몸무게 2.7~6.5kg
유전적 배경 파운데이션 품종-동남아시아
그루밍 필요 정도 낮다.
활발함 수준 높다.
기질 외향적이고, 영리하며, 노는 걸 좋아한다. 부드러운 목소리로 많이 운다. 매우 사교적이고, 사람에게 초점을 맞춘다.
건강상 우려되는 점 버미즈의 두부(頭部) 결함, 당뇨병, 고양이 구강안면통증증후군feline orofacial pain syndrome, 고양이 편평흉 증후군, 갱글리오사이드 축적증, 저칼륨혈증hypokalemia.

원산지 버마(미얀마)

배경 정보 버미즈와 비슷한 고양이가 유명한 『탐라 마에우(고양이 시집)』(114페이지를 보라)에 "카퍼copper" 고양이로 묘사되어 있다. 민담에 따르면, 버미즈의 조상은, 버만(Birman, 195페이지를 보라)과 비슷하게, 버마(미얀마)의 사찰에서 신성한 반려묘로 길러졌다. 이 품종의 개발은 버마 출신인 웡 마우Wong Mau라는 갈색 암고양이가 샴과 이종 교배된 1930년대에 미국에서 진지하게 시작되었다. 품종이 유럽에서 확고하게 자리를 잡고 나자, 버미즈의 생김새가 약간 달라졌다. 미국 버전과 유럽 버전 고양이의 성격은 매우 비슷하게 남았지만 말이다.

프로필 아메리칸 버미즈는 유럽 버전보다 몸통이 약간 더 다부지고 머리가 조금 더 둥글다. 유럽 버전은 삼각형 모양의 오리엔탈에 가까운 두상이고, 몸통은 길지만 여전히 근육질이다. 부드러운 짧은 털은 원래는 세이블(sable, 암갈색-옮긴이)이나 브라운이었지만, 지금은 등기소에 따라 다양한 색깔을 띤다. 눈은 노란색이나 금색이다. 털의 포인트는 어린 고양이에서는 짙은 색으로 보인다. 나이를 먹으면서 몸통의 색깔은 서서히 짙어지고, 포인트는 덜 두드러진다.

봄베이 *Bombay*

몸무게 2.7~5kg
유전적 배경 버미즈의 변종
그루밍 필요 정도 낮다.
활발함 수준 적당히 높다.
기질 영리하고, 놀기를 좋아하며, 호기심이 많다. 많이 울고, 대단히 사교적이며, 사람에게 초점을 맞춘다. 혼자 놔두는 데 적합하지 않다.
건강상 우려되는 점 호흡 관련 문제들, 치주질환, 과도한 눈물 흘림, 심근비대증, 저칼륨혈증, 버미즈 품종 관련 질환들.

원산지 미국과 영국

배경 정보 봄베이는 원래 1950년대에 켄터키에서 세이블(브라운) 버미즈를 검정색 아메리칸 숏헤어와 교배해서 생겨났다. 그 결과로 탄생한 블랙 팬서black panther와 비슷한 고양이는 인도검은표범Indian black leopard을 연상시켰고, 그래서 인도의 도시 봄베이(현재의 뭄바이Mumbai)의 이름을 따서 붙였다. 영국에서 이 품종은 버미즈 고양이를 검정색 브리티시 숏헤어와 교배시켜 다르게 개발되었다. 영국의 GCCF는 그 결과로 탄생한 봄베이를 아시아 품종 집단의 일부로 간주한다.

프로필 봄베이의 몸은 중간 크기에 놀라울 정도로 무겁고 근육질이다. 머리는 동그랗고 코는 짧다. 반짝거리는 짧은 털은 칠흑처럼 검은색으로, 에나멜가죽을 닮았다고 묘사되는 일이 잦다. 발바닥과 코의 볼록살도 검정색이다. 눈 색깔은 미국 버전의 카퍼에서 골드까지 광범위하고, 영국 기준에서는 골드나 옐로, 그린일 수 있다.

싱가푸라 *Singapura*

몸무게 2~4kg
유전적 배경 버미즈의 변종
그루밍 필요 정도 낮다.
활발함 수준 높다. 높은 곳에 오르는 걸 좋아한다.
기질 호기심이 많고, 짓궂으며, 외향적이고, 영리하며, 다정하고, 상호작용하는 걸 좋아한다. 노는 걸 무척 좋아한다.
건강상 우려되는 점 진행성 망막 위축증, 피루브산키나아제 결핍증, 자궁무력증uterine inertia, 버미즈 품종과 관련된 문제들.

원산지 싱가포르

배경 정보 싱가푸라의 기원은 고양이 애호가들 사이에서 약간 논란거리다. 이 품종은 1970년대에 싱가포르에서 데려온, 현지의 길고양이―이른바 "배수관" 고양이―라 생각되는 고양이 세 마리를 바탕으로 미국에서 개발되었다. 별도의 품종으로 확립되고 인정받았지만, 이후에 이루어진 유전자 연구 결과는 싱가푸라가 버미즈와 거의 동일하다는 걸 보여주었다. 그럼에도, 싱가푸라의 원산지인 싱가포르는 이 고양이를 국보國寶로 받아들이면서, 말레이어로 "고양이"를 가리키는 쿠칭kucing과 "사랑"이라는 뜻의 친타cinta를 조합한 쿠친타Kucinta라는 이름을 새로 지어 주었다.

프로필 자그마한 품종인 싱가푸라는 근육질 몸에, 머리는 둥글고 주둥이는 넓으며 코는 짧다. 신체가 완전히 성숙하기까지 2년이 걸린다. 금색이나 녹색인 큰 눈과 큰 귀는 초롱초롱한 느낌을 준다. 부드러운 짧은 털은 아비시니안(168페이지를 보라)과 비슷한 틱드 무늬를 보여준다. 털의 색깔은 딱 하나―"세피아 아구티sepia agouti"―로, "상아색 배경에 짙은 갈색 티킹ticking"이라고 무척 매혹적으로 묘사된다.

통키니즈 *Tonkinese*

몸무게 2.7~5.5kg
유전적 배경 버미즈와 샴의 교배종
그루밍 필요 정도 낮다.
활발함 수준 높다.
기질 영리하고, 호기심이 많지만, 느긋하다. 다정하고, 노는 걸 좋아한다. 울음소리가 부드럽다. 매우 사교적이고, 사람에 초점을 맞춘다. 오랫동안 혼자 놔두기에는 적합하지 않다.
건강상 우려되는 점 진행성 망막 위축증을 비롯해, 버미즈와 샴이 겪는 문제들.

원산지 미국

배경 정보 통키니즈는 샴과 버미즈를 이종 교배해 만들어낸 품종이다. 1930년대에 싱가포르에서 미국으로 데려간 웡 마우라는 초콜릿 브라운 암고양이가 버미즈 품종을 만들어내려 이용되었는데, 요즘 전문가들은 웡 마우는 통키니즈였을 거라고 생각한다. 당시에는 통키니즈가 품종으로 확립되지 않았지만 말이다. 1950년대 동안, 버미즈 고양이는 샴과 이종 교배되었고, 그 결과는 색깔과 무늬가 두 품종의 중간쯤인 "골든 샴Golden Siamese"이라는 고양이였다. 이 품종은 1960년대가 돼서야 진정한 관심을 받으면서 통키니즈로 개명되었고, 거기에서부터 오늘날의 통키니즈가 될 때까지 개발되었다.

프로필 몸이 유연하면서도 근육질인 통키니즈는 호리호리한 샴과 더 다부진 버미즈의 중간쯤에 해당하는 체구를 가졌다. 머리는 쐐기 모양으로, 두 귀는 멀리 떨어져 있다. 눈 색깔은 녹색부터 연한 파란색까지 다양한데, 흔치 않은 아쿠아마린 버전도 있다. 촘촘하게 누운 짧은 털은 부드럽고, 솔리드(solid, 무늬가 없는 완전한 단색-옮긴이), 컬러포인트 colorpoint, 밍크(mink, 세피아와 포인티드의 중간으로 포인트가 약간 진한 색이다-옮긴이) 버전을 비롯한 광범위한 색과 무늬를 보여준다.

페르시안 *Persian*

몸무게 3~5kg

유전적 배경 파운데이션 품종-유럽

그루밍 필요 정도 매우 높다. 엉키지 않게 하려면 날마다 빗질을 해줘야 한다.

활발함 수준 상대적으로 낮다.

기질 상냥하고, 차분하며, 점잖고, 노는 걸 좋아한다. 많이 야옹거린다. 랩 캣.

건강상 우려되는 점 단두증이 호흡의 어려움을 초래할 수 있다. 피부/안구 문제, 심근비대증, 다낭성 신장질환, 부정교합과 식사할 때의 어려움, 진행성 망막 위축증.

원산지 영국

배경 정보 페르시안은 제일 오래되고 인기 좋은 품종에 속하지만, 정확한 기원은 분명치 않다. 이름이 암시하듯 17세기의 페르시아(이란)가 원산지일 것으로 판단된다. 그런데 최근의 유전자 연구는 페르시안의 현대 버전은 서유럽의 품종들과 더 가까운 친척이라는 걸 보여준다. 영국의 빅토리아 여왕 덕에 인기를 얻은 페르시안은 1871년에 영국에서 열린 최초의 캣쇼에 선을 보였고, 이후로 확고부동한 인기 품종으로 남았다.

프로필 페르시안은 중간부터 큰 덩치까지의 근육질 몸에 다리는 짧다. 얼굴은 둥글고, 코는 작으며, 눈은 크다. 이 품종은 얼굴이 납작해 보이도록(단두) 서서히 브리딩되었고, 그래서 "울트라"나 "페키니즈" 유형이라고 불리기도 하는 현대 버전은 얼굴이 긴 "전통적인" 페르시안 유형하고는 무척 다르게 생겼다. 페르시안의 트레이드마크는 긴 털로, 모든 색깔과 무늬를 다 보여준다. 눈 색깔도 다양해서, 블루와 그린, 카퍼, 오드아이인 블루와 카퍼, 헤이즐 등이 포함된다.

이그조틱 숏헤어 *Exotic Shorthair*

몸무게 3~6.5kg

유전적 배경 페르시안(181페이지)의 변종

그루밍 필요 정도 낮다.

활발함 수준 페르시안보다 약간 더 활기차다. 실내에서 거주하는 데만 적합한 고양이로 풍부화 활동을 많이 해줘야 한다.

기질 다정하고 조용한 랩 캣. 노는 걸 좋아하고, 어울리는 걸 무척 좋아한다.

건강상 우려되는 점 단두증, 안구 문제(즉, 진행성 망막 위축증), 치아 문제, 먹고 마실 때 어려워함. 다낭성 신장질환, 생식력 문제, 심근비대증.

원산지 미국

배경 정보 이 품종은 1960년대에 원래 페르시안과 비슷하게 생겼지만 관리하기는 훨씬 쉬운 단모 버전을 만들어내려고 블루 페르시안을 아메리칸 숏헤어와 이종 교배해서 개발되었다. 영국에서 브리티시 숏헤어를 활용하는 비슷한 브리딩 프로그램이 뒤를 이었다. 오늘날에는 이종 교배를 위한 종으로 페르시안이나 다른 이그조틱 숏헤어를 활용하는 게 허용된다. 이 품종은 상대적으로 느긋하게 그루밍을 하는 까닭에 "게으름뱅이의 페르시안"이라는 별명을 얻었다.

프로필 이그조틱 숏헤어의 몸은 중간 크기의 근육질이다. 다리는 짧고 발은 크다. 머리가 크고 귀는 낮은 곳에 있다. 얼굴은 납작하고, 코는 짧으며, 눈은 크고 둥글다. 짧은 털이 두툼하고 촘촘하게 나 있고 플러시천 느낌이 난다. 원래 이그조틱의 색은 실버뿐이었는데, 품종이 개발되면서 더 많은 색깔과 무늬가 도입되었다. 커다랗고 둥근 눈의 색깔은 카퍼와 골드에서 그린이나 블루까지 다양하다.

브리티시 숏헤어 *British Shorthair*

몸무게 3~7.5kg
유전적 배경 파운데이션 품종-유럽
그루밍 필요 정도 낮다.
활발함 수준 보통. 실내 생활에 적합할 수 있지만 풍부한 활동이 필요하다.
기질 느긋하고, 차분하며, 태평하고, 적응력이 좋다. 대단히 다정하지만, 랩 캣은 아니고, 다른 곳으로 옮겨지는 걸 좋아하지 않는다. 딱히 잘 우는 편은 아니다.
건강상 우려되는 점 다낭성 신장질환, 체중 증가, 심근비대증.

원산지 영국

배경 정보 브리티시 숏헤어는 로마인들에 의해 영국에 도입된 집고양이를 바탕으로 개발된 오래된 품종이다. 초기 캣쇼에 참가했던, 혈통이 기록된 최초의 품종들 중 하나다(160페이지를 보라). 품종이 개발되면서, 브리티시 롱 헤어British Long Hair로 알려진 장모 버전을 만들어내기 위해 페르시안과 이종 교배되었다. 매력적인 둥근 얼굴은 루이스 캐럴Lewis Carroll의 『이상한 나라의 앨리스Alice's Adventures in Wonderland』에 나오는 체셔 캣Cheshire Cat 삽화와 놀라울 정도로 닮았다. 그 책의 애초 삽화는 이 품종을 바탕으로 그려진 게 분명하다.

프로필 고양이 세계의 테디 베어teddy bear라 할 브리티시 숏헤어는 몸이 다부지고, 다리는 짧으며, 가슴은 넓다. 털은 짧고 촘촘하며, 언더코트가 없는 까닭에 플러시 천 느낌이 난다. 제일 인기 좋은 색깔은 블루지만, 현재 이 품종은 모든 "셀프(self, 솔리드의 동의어-옮긴이)" 컬러와 태비, 컬러포인트를 비롯한 엄청나게 다양한 색깔과 무늬를 보여준다. 브리티시 블루British Blue의 경우 커다란 둥근 눈의 색은 카퍼다. 그리고 털 유형에 따라 다양한 색을 띤다.

스코티시 폴드 *Scottish Fold*

몸무게 2.5~6kg
유전적 배경 영국 잡종 고양이들의 자연적 돌연변이
그루밍 필요 정도 보통
활발함 수준 보통
기질 영리하고, 호기심이 많으며, 노는 걸 좋아한다. 지나치게 많이 울지는 않는다. 다정하고, 사람을 좋는다. 혼자 놔두기에는 적합하지 않다.
건강상 우려되는 점 심근비대증, 골연골 이형성증osteochon-drodysplasia, 다낭성 신장질환.

원산지 스코틀랜드

배경 정보 최초의 스코티시 폴드는 1960년대에 스코틀랜드 테이사이드Tayside의 헛간에서 키우던 털이 긴 흰색 고양이였다. 이름이 수지Susie였던 이 암고양이는 귀가 독특하게 앞으로 접혀 있었다. 비슷하게 귀가 접힌 수지의 후손 일부가 1970년대에 미국으로 수출돼 브리티시 숏헤어 및 아메리칸 숏헤어와 이종 교배되면서 이 품종이 개발되었다. 귀가 접히는 특징의 원인은 귀뿐만이 아니라 신체 곳곳의 연골 형성에 영향을 주는 불완전한 우성 유전자다. 이런 원인이 일부 고양이에게 고통스러운 골격이상을 일으킬 수 있다는 발견은 영국의 고양이애호가협회GCCF가 이 품종을 인정하는 걸 거부하는 것으로 이어졌다. 이 문제를 줄이려면 "귀가 접힌" 고양이는 그렇지 않은 스코티시 폴드나 다른 품종의 고양이하고만 짝짓기시키는 식으로 세심하게 브리딩해야 한다.

프로필 스코티시 폴드는 탄탄하고 튼튼해 보이는 고양이로, 얼굴은 동그랗고, 크고 둥근 눈의 색은 다양하다. 짧거나 긴 털은 광범위한 색깔과 무늬를 보여준다. 귀는 태어났을 때부터 항상 쫑긋하고, 접히는 유전자를 가진 개체에서는 생후 3주쯤 이내에 귀가 접히기 시작한다. 귀가 쫑긋하게 남아 있는 고양이들은 스코티시 스트레이트Scottish Straight로 불린다.

셀커크 렉스 *Selkirk Rex*

몸무게 2.7~7kg
유전적 배경 미국 잡종 고양이들의 자연적 돌연변이
그루밍 필요 정도 보통에서 높음 사이. 털이 많이 빠지므로 매주 두 번씩 빗질해 줘야 한다.
활발함 수준 보통
기질 얌전하고, 다정하며, 인내심이 많고, 사교적이며, 노는 걸 좋아한다. 장기간 혼자 놔두는 데는 적합하지 않다.
건강상 우려되는 점 심근비대증과 피루브산키나아제 결핍증을 비롯한 일부 페르시안 품종의 문제들.

원산지 미국

배경 정보 "양의 탈을 쓴 고양이"라고 가끔씩 묘사되는 셀커크 렉스 품종은 1980년대 말에 몬태나에서 시작되었다. 보호소에 있는 고양이가 낳은 새끼들 중에 곱슬곱슬한 털을 가진 새끼고양이가 보였다. 미스 드페스토Miss DePesto라는 이름을 얻은 이 새끼고양이는 나중에 검정색 페르시안 수컷과 짝짓기를 했고, 이 암컷이 한배에 낳은 새끼들 중 절반은 털이 곱슬이거나 반곱슬이었다. 그러면서 이런 형질이 열성인 데본 렉스나 코니시 렉스와 달리, 이 품종에서는 곱슬(rex, 단모 변이종) 유전자가 우성이라는 게 밝혀졌다. 페르시안과 이그조틱, 브리티시 숏헤어를 비롯한 다른 품종들과 이종 교배를 통해 한층 더 개발되었다.

프로필 셀커크 렉스의 몸은 근육질에 뼈대가 굵다. 둥근 얼굴과 눈은 다정한 느낌을 준다. 곱슬거리는 세 겹의 털은 단모와 장모 버전이 모두 있다. 단모는 테디 베어의 털처럼 더 촘촘하고 플러시 천 같지만, 장모는 더 헝클어져서 양모와 비슷한 모습이다. (지나치게 힘을 줘서 빗질하면 곱슬거리는 상태가 영향을 받을 것이다.) 두 유형 모두 많은 색깔과 무늬를 보여준다. 수염도 곱슬인데, 자라는 동안 잘 부러지는 편이다.

코니시 렉스 *Cornish Rex*

몸무게 2.7~4.5kg
유전적 배경 영국 잡종 고양이들의 자연적 돌연변이
그루밍 필요 정도 매우 부드럽게
활발함 수준 보통에서 높음 사이
기질 외향적이고, 대단히 사교적이며, 다정하다. 노는 걸 좋아하고, 새끼고양이처럼 굴며, 호기심이 많다. 장난감을 던지면 물어서 돌아오고, 주인을 따라다니는 걸로 알려져 있다.
건강상 우려되는 점 심근비대증, 슬개골 탈구.

배경 정보 최초의 코니시 렉스는 1950년에 잉글랜드 콘월Cornwall에서 태어났다. 칼리벙커Kallibunker는 토터셀 앤 화이트 반려묘에게서 태어난 새끼 다섯 마리 중 한 마리로, 코니시 렉스의 곱슬거리는 털 특징을 보여준 유일한 고양이였다. 지금은 이게 털의 형태와 유지에 중요한 유전자의 돌연변이 때문이라는 게 알려져 있다. 이 품종을 영속화하기 위해 기획된 초기의 근친 교배는 일부 건강상 문제를 일으켰고, 샴과 버미즈, 브리티시 숏헤어를 비롯한 다른 품종들과 이종 교배를 통해 새로운 유전자 투입이 이루어지면서 현대의 코니시 렉스가 생겨났다.

프로필 코니시 렉스는 머리가 길고 쐐기 모양이며, 놀랄 정도로 눈이 크다. 몸은 말랐지만 튼튼하고 근육질이며, 등이 굽었다. 다리는 길고 꼿꼿하다. 고운 꼬리는 끝부분으로 갈수록 가늘어지고, 발은 양증맞으며 발가락은 길다. 유명한 곱슬, 또는 물결치는 털은 곱고 부드럽다. 털의 일부를 형성하는 게 보통인 가드헤어가 없기 때문이다. 수염과 눈썹은 곱슬이거나 쪼글쪼글하다. 다양한 무늬와 색깔을 보여준다.

원산지 영국

데본 렉스 *Devon Rex*

몸무게 2.5~4kg

유전적 배경 영국 잡종 고양이들의 자연적 돌연변이

그루밍 필요 정도 낮다.

활발함 수준 보통에서 높음 사이

기질 짓궂고, 높은 곳에 오르는 걸 좋아한다. 사람에 초점을 맞춘다(어깨에 앉는 걸 무척 좋아한다). 장기간 혼자 놔두는 데에는 적합하지 않다.

건강상 우려되는 점 소모증congenital hypotrichosis, 데본 렉스 근육병Devon Rex myopathy 또는 경직spasticity, 피부과 문제(즉 기름기가 많은 피부), 슬개골 탈구, 고관절 이형성증hip dysplasia.

원산지 영국

배경 정보 최초의 데본 렉스는 1950년대에 잉글랜드 데본에서 곱슬곱슬한 털을 가진 길고양이 수컷과 짝짓기한, 입양한 떠돌이고양이 암컷에게서 태어난 새끼고양이였다. 컬리Kirlee라는 이름이 시사하듯, 이 수컷은 아버지의 곱슬거리는 털과 렉스 유전자를 물려받았다(이 유전자는 열성 형질이기 때문에 어미도 보인자였다). 나중에 이웃한 카운티인 콘월의 렉스 품종 프로그램에 컬리를 통합시키려는 시도가 있었는데, 그 과정에서 데본의 유전자는 코니시 렉스하고는 다르다는 게 밝혀졌다. 두 품종의 이종 교배에서는 직모直毛 새끼고양이만 태어났다. 결과적으로, 두 품종은 따로따로 개발되었다.

프로필 데본 렉스의 몸은 가슴이 넓은 근육질이고, 머리는 쐐기 모양이다. 툭 튀어나온 광대뼈와 넓게 자리 잡은 눈, 커다란 귀 때문에 도깨비pixie처럼 보인다. 곱슬거리는 털가죽에는 가드헤어가 부족하다. 털이 대단히 부드럽고 고와서 이 품종의 온기를 지켜주려면 관심을 갖고 돌봐줘야 한다. 생김새는 다양할 수 있다. 일부 개체는 헝클어지게 곱슬거리는 털을 자랑하는 반면, 스웨이드처럼 부드러운 털을 자랑하는 개체도 있다. 온갖 색깔과 색조, 무늬를 보여준다. 역시 곱슬인 수염은 약한 편이고, 쉽게 부러지기 때문에 짧은 편이다.

스핑크스 *Sphynx*

몸무게 2.7~5kg

유전적 배경 미국 잡종 고양이들의 자연적 돌연변이

그루밍 필요 정도 귀를 정기적으로 청소해서 쌓인 귀지를 제거해 줘야 한다.

활발함 수준 높다. 햇빛을 피하기 위해 주로 실내에서만 키우는 게 최선이다.

기질 외향적이고, 영리하며, 다정하고, 극도로 사교적인 "사람" 같은 고양이다. 관심을 받는 걸 무척 좋아한다.

건강상 우려되는 점 심근비대증, 실외에 나가는 걸 허용할 경우 햇볕으로 인한 화상sunburn.

원산지 캐나다

배경 정보 주름이 접히고 털이 없는 외모로 유명한 스핑크스 품종의 이름은 유명한 이집트의 스핑크스와 닮았기 때문에 붙었다. 이 품종의 첫 새끼고양이는 1966년에 캐나다에서 태어났다. 검정과 흰색이 섞인, 프룬(Prune, 자두)이라는 명랑한 이름을 가진 얼룩 집고양이가 낳은 놀라운 후손이었다. 털이 없는 새끼고양이와 털이 있는 새끼고양이가 섞인 후손을 얻기 위해 그 고양이를 어미와 역교배시켰고, 그렇게 품종이 시작되었다. 나중에 데본 렉스와 아메리칸 숏헤어가 브리딩 프로그램에 도입되었다. 스핑크스는 털이 없지만 엄밀히 따지면, 저자극성이 아니다. 이 품종의 침과 피부에는 알레르기에 시달리는 이들이 반응을 일으키는 단백질이 여전히 생산되기 때문이다.

프로필 스핑크스의 놀라울 정도로 튼튼한 몸은 사실은 보드라운 솜털의 고운 층으로 덮여 있다. 그리고 피부에 지나치게 많은 기름기를 제거하기 위해 정기적으로 조심스레 목욕을 시켜 줘야 한다. 머리와 발, 꼬리에도 눈에 보이는 가는 털이 약간 나 있다. 그렇지만 수염은 없거나 드문 게 보통이다. 다양한 색깔과 무늬를 보여준다. 보통의 모습처럼 털에 덮여 있다면 피부의 색소를 볼 수 있다. 머리는 쐐기 모양이고, 눈은 커다란 레몬 모양이며, 귀가 무척 크다.

오스트레일리안 미스트 *Australian Mist*

몸무게 3.5~7kg

유전적 배경 교배종(버미즈/아비시니안/잡종)

그루밍 필요 정도 낮다.

활발함 수준 놀기 좋아하고, 꽤나 활발하다. 실내에서만 생활하는 고양이로 기를 수 있지만 많은 자극을 줘야 한다.

기질 인내심이 꽤 강하고, 사람에 초점을 맞추며, 가족에 강한 유대감을 느낀다. 노는 걸 좋아하는 랩 캣이다. 친구가 필요하다.

건강상 우려되는 점 일반적으로 건강한 편이지만, 피루브산키나아제 결핍증과 진행성 망막 위축증을 비롯한 파운데이션 품종이 앓는 질병에 걸리기 쉽다.

원산지 호주

배경 정보 오스트레일리안 미스트는 1970년대에 호주에서 버미즈 (50퍼센트)와 아비시니안(25퍼센트), 단모 집고양이(25퍼센트)를 통해 개발이 시작되었다. 그 결과로 탄생한 단모 고양이는 털에 반점이 있었고, 이 품종은 원래는 "스포티드 미스트Spotted Mist"로 알려졌다. 나중에 대리석무늬marbled marking가 품종 기준으로 받아들여지면서 현재의 이름으로 바뀌었다. 이 품종은 미국과 영국, 유럽에 서서히 퍼졌지만, 여전히 호주 외부에서는 상대적으로 희귀하다.

프로필 중간 크기이지만 근육질 몸을 가진 오스트레일리안 미스트는 머리가 동그랗고, 표현력이 풍부한 큰 눈은 녹색이다. 유명한 털은 무늬가 마구잡이로 섞인 기저 색base color 위에 반점이나 대리석무늬로 구성되어 있고, 그 결과 안개가 낀 듯한misty 아름다운 효과가 연출된다. 꼬리와 다리는 막대기나 동그라미 모양으로 만들어진 무늬를 보여준다. 털의 색은 브라운과 블루, 초콜릿, 라일락, 골드(시나몬), 복숭아(폰)이지만, 털의 색이 완성되기까지는 성숙해지는 데 걸리는 기간인 2년이 걸릴 수도 있다.

버밀라 *Burmilla*

몸무게 3.5~5.5kg
유전적 배경 교배종(버미즈와 친칠라 페르시안Chinchilla Persian)
그루밍 필요 정도 보통에서 낮음 사이
활발함 수준 보통
기질 페르시안보다 외향적이고, 버미즈보다 활기차다. 사교적이고, 놀기를 좋아하며, 다정하고, 영리하며, 호기심이 강하다. 사람을 좋아하지만 지나치게 많은 걸 요구하지는 않는다.
건강상 우려되는 점 다낭성 신장질환, 버미즈와 페르시안의 우려 사항들.

원산지 영국

배경 정보 버밀라는 파베르제Fabergé라는 버미즈 암컷과 생퀴스트 Sanquist라는 친칠라 페르시안 수컷이 우연히 만나 짝짓기를 한 1981년에 영국에서 탄생했다. 두 고양이의 품종에서 버밀라라는 이름이 나왔다. 그 결과로 태어난, 형태는 버미즈와 비슷하지만 털은 실버이고 털끝은 블랙인 새끼고양이 네 마리로부터 품종이 개발되었다. 버밀라는 영국에서 티파니Tiffanie로, 그리고 봄베이로 알려진 털 길이가 중간 정도인 변종과 더불어 아시아 품종 그룹의 하나로 간주된다.

프로필 덩치가 중간 정도인 버밀라의 몸은 유럽 버미즈와 비슷하게 유연하고 근육질이다. 아름다운 친칠라 털을 가진 것으로 유명한데, 지금은 많은 색조를 보여준다. 털의 길이는 짧거나 중간 정도다. 눈과 코, 입술 주의의 짙은 윤곽선이 강렬한 모습을 연출한다. 눈 색깔은 노란색(새끼고양이와 어린 고양이)부터 성묘의 녹색까지 다양하다. 털이 빨간 개체들의 눈은 앰버일 것이다.

아메리칸 컬 *American Curl*

몸무게 2.7~4.5kg

유전적 배경 미국 잡종 고양이들의 자연적 돌연변이

그루밍 필요 정도 언더코트가 부드럽기 때문에 관리해 줄 필요
성이 낮다.

활발함 수준 보통으로, 높은 곳에 올라가는 걸 좋아한다.

기질 성묘가 돼서도 새끼고양이 기질이 남아 있다. 호기심이 많
고, 사교적이며, 다정하다. 꽤 과묵하고, 울 때는 부드럽게 떠는 소
리trill를 낸다.

건강상 우려되는 점 대체로 건강하다. 귀지가 쌓이고 감염되는
걸 피하기 위해 귀 건강을 모니터해 줘야 한다.

원산지 미국

배경 정보 아메리칸 컬은 1980년대에 미국에서 시작되었다. 지금은
품종의 특징이 된 독특하게 말린 귀를 가진, 털이 긴 검정색 떠돌이고양
이 암컷 덕분이었다. 자신을 입양한 가족으로부터 슐라미스Shulamith
라는 이름을 얻은 이 암고양이는 장모와 단모의 귀가 말린 새끼들을 낳
았는데, 그 새끼고양이들로부터 이 품종이 개발되었다. 그 특징은 우성
유전자에 의해 초래된 것이다. 유전자가 한 카피만 있어도 고양이의 귀
가 말릴 거라는 뜻이다. 물론 한배에서 태어난 새끼들 중에는 귀가 꼿꼿
한 새끼고양이도 나타난다. 품종 내에서 유전적 다양성을 유지하기 위
해, 그렇게 귀가 꼿꼿한 새끼들과 귀가 말리지 않은 다른 고양이를 이종
교배하는 것이 권장된다.

프로필 몸은 중간 크기이고, 머리는 동그랗고, 눈은 아몬드 모양인 아
메리칸 컬은 귀 때문에 제일 유명하다. 귀는 태어났을 때는 꼿꼿하지만,
새끼고양이가 귀가 말리는 유전자를 갖고 있다면 이후 며칠 사이에 귀
가 말리기 시작한다. 귀는 생후 4개월 무렵에 완전히 말린다. 뒤로 말리
는 각도는 90도에서 180도 사이다. 단모 버전과 장모 버전의 털은 납
작하고 부드러우며, 모든 색깔과 무늬를 보여준다.

191

아메리칸 밥테일 *American Bobtail*

몸무게 3~7.5kg
유전적 배경 미국 잡종 고양이들의 자연적 돌연변이
그루밍 필요 정도 보통
활발함 수준 보통
기질 영리하고, 노는 걸 좋아하며, 상호작용을 잘한다. 패나 조용하고, 쯧쯧 소리와 딸깍 소리와 떠는 소리를 낸다. 적응력이 좋고, 요구하는 게 많지 않다.
건강상 우려되는 점 꼬리가 무척 짧을 경우 척추 문제

원산지 미국

배경 정보 이 품종은 집고양이와 야생 보브캣bobcat의 교배종이라는 게 세간의 통념이지만, 아메리칸 밥테일은 짧은 꼬리를 낳는 자연적인 유전적 돌연변이의 결과다. 이 품종은 1960년대에 애리조나에서 꼬리가 짧은 집고양이 수컷 요디Yodi로부터 시작되었다. 이 수컷은 꼬리가 정상적인 암컷과 짝짓기했고, 암컷은 꼬리가 짧은 새끼들을 낳았다. 지금은 태평하고 적응력 좋은 품종으로 개발된 밥테일은 여행을 다니는 걸 좋아한다. 그래서 장거리 트럭 운전사들이 친구로 기르는 경우가 많다.

프로필 중간부터 대형 사이의 품종인 밥테일은 신체적으로 성숙해질 때까지 2년이 걸릴 수도 있다. 몸은 건장하고 근육이 잘 발달되어 있으며, 머리는 쐐기 모양이고, 눈은 색깔이 다양한 아몬드 모양이다. 유명한 꼬리는 길이가 엄청나게 다양하다. 꼿꼿하거나 굽었거나 꼬였거나 울퉁불퉁한 모양일 수 있다. 꼬리는 모양은 그렇지만, 정상적인 꼬리만큼 유연하고 표현력이 풍부하다. 털은 온갖 색깔과 무늬를 보여주고, 털의 길이는 짧은 것과 긴 것이 다 있다. 장모 버전은 목 주위에 갈기가 있을 수 있다.

아메리칸 숏헤어 *American Shorthair*

몸무게 3~7kg
유전적 배경 파운데이션 품종-미국
그루밍 필요 정도 낮다.
활발함 수준 보통
기질 태평하고, 적응력이 좋으며, 차분하다. 호기심이 많고, 노는 걸 좋아한다. 사교적이면서도 요구하는 게 많지 않아 탁월한 패밀리 캣family cat이다. 사냥 본능이 꽤 강하다.
건강상 우려되는 점 심근비대증

원산지 미국

배경 정보 1600년대 동안, 북미에 정착하려고 유럽에서부터 항해해 온 개척자들은 설치류를 잡기 위해 배에 집고양이를 싣고 왔다. 개척자들은 이 고양이들과 후손들을 쥐 잡는 일을 하는 고양이와 반려묘로 계속 키웠다. 20세기 초에, 브리더들은 최상의 특징들을 선택하면서 그 고양이들의 족보 있는 버전을 개발하기 시작했다. 처음에는 도메스틱 숏헤어Domestic Shorthair로 알려져 있던 이 품종은 1960년대에 아메리칸 숏헤어로 이름이 바뀌었다.

프로필 몸은 중간 크기이지만 탄탄한 체구의 근육질에다 힘이 좋은 아메리칸 숏헤어는 신체적 성숙기에 도달하기까지 3년이나 4년이 걸릴 수 있다. 얼굴은 넓적하고 둥글며, 주둥이는 네모나고, 다양한 색깔의 둥근 눈은 사이가 멀리 떨어져 있는 데다 약간 삐딱한 각도로 놓여있다. 귀도 중간 크기로 끝부분이 약간 둥글다. 털은 짧고 촘촘하며 끝부분이 꽤 딱딱하다. 그리고 색깔과 무늬가 다양하게 조합되어 있다.

아메리칸 와이어헤어 *American Wirehair*

몸무게 3.5~7kg
유전적 배경 아메리칸 숏헤어의 자연적 돌연변이
그루밍 필요 정도 뻣뻣한 털이 상하는 걸 피하기 위한 최소한의 빗질
활발함 수준 보통
기질 느긋하고, 적응력이 좋으며, 차분하다. 요구하는 게 많지 않지만, 호기심이 꽤나 강하다. 탁월한 패밀리 캣이다. 사교적이고, 다정하며, 노는 걸 좋아한다.
건강상 우려되는 점 심근비대증, 피부 알레르기.

원산지 미국

배경 정보 아메리칸 와이어헤어는 1966년에 뉴욕주의 어느 농장에서 집고양이로 태어난 작고 빨간 태비-앤-화이트 수컷 새끼고양이 아담Adam에서 시작되었다. 아담은 주름을 잡은 듯한 특이한 털을 자랑했다. 그의 자손도 마찬가지였다. 그렇게 새 품종이 시작되었다. 유전적 다양성을 유지하기 위해 아메리칸 숏헤어를 이종 교배종으로 활용했고, 이 품종은 미국에서 더욱 개발되었다. 유전자 분석 결과 와이어헤어 털을 야기한 건 코니시 렉스와 데본 렉스(186페이지와 187페이지를 보라)의 곱슬한 털을 낳은 유전자하고는 다른 것이라는 게 밝혀졌다.

프로필 아메리칸 숏헤어하고 형태 면에서 매우 비슷한 아메리칸 와이어헤어는 몸이 중간 크기에 근육이 잘 발달되어 있고, 머리는 둥글며, 주둥이는 눈에 확 띈다. 널찍하게 자리 잡은 크고 둥근 눈은 색깔이 다양하다. 탄력이 좋은 털 한 가닥 한 가닥은 주름이 잡히거나 갈고리 모양이거나 구부러졌다. 수염과 귀에 난 털도 그렇다. 뻣뻣한 정도는 개체별로 상당한 차이가 있지만 말이다. 와이어헤어는 온갖 색깔과 무늬를 보여준다.

버만 *Birman*

몸무게 3~5.5kg
유전적 배경 파운데이션 품종-동남아시아
그루밍 필요 정도 보통. 언더코트가 없고 털이 쉽게 엉겨 붙지
않는다.
활발함 수준 보통
기질 태평하고, 고도로 사교적이며, 점잖고, 노는 걸 좋아한다. 쯧
쯧거리는 부드러운 목소리로 수다를 떤다. 짹짹 소리를 낸다. 장기
간 혼자 놔두는 데는 적합하지 않다.
건강상 우려되는 점 심근비대증, 소모증, 다낭성 신장질환.

원산지 버마(미얀마)

배경 정보 버만—또는 "버마의 신성한 고양이"—은 발이 하얗다. 버
마 전설에 따르면, 이 품종은 사찰이 공격받을 때 승려와 함께 사찰에
남은 신성한 사찰 고양이의 행위에서 생겨났다. 승려가 죽자, 사찰의 여
신은 고양이에게 황금색 털과 사파이어 같은 파란 눈을 수여했지만, 발
은 헌신의 상징으로서 순백색으로 남겼다. 약간은 덜 낭만적이지만 브
리더들에게는 무척 유용한 얘기를 하자면, 2014년에 과학자들이 실행
한 고양이 게놈 염기서열 분석 결과 흰색 미튼은 열성 유전자 두 개가
조합된 결과물이라는 게 밝혀졌다. 버만은 버마가 원산지이지만, 1920
년대에 프랑스에서 처음으로 브리딩되고 개발되었다.

프로필 버만은 중간 크기의 품종으로, 포인트 색깔이 다양할 수 있는
기다란 크림색 털이 나 있다. 흰색 미튼 또는 장갑이 앞다리의 발을 덮
고, 뒷다리에서는 "레이스lace" 수준으로 확장된다. 버만의 얼굴은 동
그랗고 매우 매력적이다. 눈은 밝은 파란색이고, 코는 약간 휜 "로마 코
(Roman nose, 코끝이 약한 휜 코-옮긴이)"다.

샤트룩스(샤르트뢰) *Chartreux*

몸무게 2.7~6.5kg

유전적 배경 파운데이션 품종-유럽

그루밍 필요 정도 낮다. 빗질보다는 손가락으로 털을 훑어주는 걸 더 좋아한다.

활발함 수준 보통

기질 차분하고, 다정하며, 적응력이 좋다. 영리하고, 관찰력이 좋으며, 노는 걸 좋아한다. 한 사람하고 유대관계를 맺는 일이 잦고, 그 사람을 따라다닌다. 조용하다. 야옹거리기보다는 쯧쯧거린다.

건강상 우려되는 점 슬개골 탈구

원산지 프랑스

배경 정보 오늘날 프랑스를 대표하는 고양이인 이 오래된 천연 품종의 초기 원산지는 따뜻한 울 같은 털이 유용했을 중동의 산악지역인 것으로 판단된다. 쥐를 능숙하게 잡는 고양이로 잘 알려진 이 고양이는 13세기에 십자군이나 상인들에 의해 프랑스에 오게 되었을 것이다. 이름의 기원은 더욱 미스터리하다. 어느 전설은 이 고양이들이 유명한 샤르트뢰즈 리큐어Chartreuse liqueur의 생산자인 프랑스의 카르투지오 수도회Carthusian의 수도사들과 살았다고 말한다. 이 이름은 두툼한 털과 비슷한 스페인산 울wool에서 따온 것임을 시사하는 이야기도 있다.

프로필 둥근 얼굴에 윤곽이 뚜렷한 이마, 좁은 주둥이를 가진 샤트룩스는 항상 웃는 인상이다. 골드에서 카퍼 사이의 다양한 색을 보여주는 매력적인 둥근 눈이 유발한 이미지다. 몸은 탄탄하고 건장하며, 이런 특징은 상대적으로 짧고 뼈대가 가는 다리와 더불어 사람들이 이 고양이를 "이쑤시개에 꽂힌 감자"로 묘사하게 만들었다. 따스한 울 같은 털은 파란색만 있고, 두 겹—부드럽고 촘촘한 언더코트와 물이 스며들지 않는 톱코트—으로 이루어져 있다.

이집션 마우 *Egyptian Mau*

몸무게 2.7~5kg
유전적 배경 파운데이션 품종-지중해
그루밍 필요 정도 낮다.
활발함 수준 보통에서 높음 사이
기질 무척 영리하고, 노는 걸 좋아하며, 예민하고, 한두 사람과 강한 유대관계를 형성한다. 듣기 좋은 울음소리.
건강상 우려되는 점 피루브산키나아제 결핍증

원산지 이집트

배경 정보 이집션 마우는 선천적으로 물방울무늬를 갖고 태어나는 몇 안 되는 집고양이 품종 중 하나다. 고대 이집트 파라오의 무덤에 묘사된 고양이를 무척 닮았다. 하지만 유전자 분석 결과, 현대의 마우는 사실은 메인 쿤(201페이지를 보라) 같은 일부 서구 품종과 가까운 친척이라는 게 밝혀졌다. 이건 이 품종이 서구에 수입된 1950년대 이후로 다른 품종들과 이종 교배된 결과일 가능성이 크다.

프로필 길고 유연하며 근육질인, 앞다리보다 뒷다리가 긴 이집션 마우는 달리기가 빨라서 시속 50킬로미터 속도까지 도달한다. 이 품종의 무늬에는 이마에 있는 풍뎅이나 "M"자형 이미지가 포함된다. 이 무늬와 더불어 아몬드 모양의 구스베리gooseberry 녹색의 눈 때문에 이 고양이는 약간 "근심이 많은 듯한" 인상을 준다. 물방울무늬 털은 실버, 브론즈bronze, 스모크smoke 색을 띠고, 다리와 꼬리에 띠 모양을 이루며, 등에는 독특한 줄무늬가 있다.

재패니즈 밥테일 *Japanese Bobtail*

몸무게 2.7~4.5kg
유전적 배경 파운데이션 품종-동아시아
그루밍 필요 정도 보통
활발함 수준 매우 활발하다. 랩 캣은 아니다.
기질 영리하고, 충직하며, 다양한 톤의 울음소리로 수다스럽게 떠든다("노래하는 고양이"). 노는 걸 좋아하고, 물에 강한 호기심을 보인다.
건강상 우려되는 점 심각하게 우려할 만한 질환은 보고되지 않았다.

원산지 일본

배경 정보 일본에서 행운의 고양이로 간주되는 밥테일은 반려묘로서, 그리고 길고양이로서 적어도 1,000년간 일본에 서식하면서 양잠시설에 모여드는 설치류를 잡는 걸 도왔다. 이 유명한 짧은 꼬리 고양이의 기원은 여러 전설의 소재다. 어느 전설은 한 고양이가 불에 너무 가까운 곳에서 잠을 자다 꼬리에 불이 붙어 마을 곳곳을 달리면서 불꽃을 사방으로 퍼뜨려 잿더미로 만들었다고 한다. 그러자 왕은 모든 고양이의 꼬리를 짧게 자르라는 칙령을 내렸다. 더 현실적인 과학적 설명은 유전적 돌연변이 탓이라는 걸 보여준다. 이 품종의 현대적 형태는 아시아와 서구의 유전적 표지genetic marker가 섞였다는 걸 보여주면서 그 기원이 전적으로 일본에만 국한된 건 아니라는 걸 시사한다.

프로필 밥테일의 트레이드마크인 꼬리는 각각의 개체마다 독특해서, 휘고 꼬인 정도가 다양한 조합을 이룬다. 꼬리의 길이는 7.5센티미터를 넘지 않는 게 보통이다. 부드러운 털은 길거나 짧고, 다양한 색을 띠는데, 제일 인기 좋은 색은 흰색, 검은색, 갈색이 섞인 것(三毛, 일본어로 미케ਮ੪)이다. 이 고양이의 뒷다리는 앞다리보다 길다. 머리는 삼각형이고, 귀는 쫑긋 섰으며, 타원형의 눈은 파란색을 비롯해 어떤 색이든 될 수 있다. 오드아이 고양이도 있을 수 있다.

코라트 *Korat*

몸무게 2.7~4.5kg
유전적 배경 파운데이션 품종-동남아시아
그루밍 필요 정도 낮다.
활발함 수준 매우 활발하다.
기질 영리하고, 에너지가 넘치고, 다정하다. 노는 걸 매우 좋아한다. 무시당하거나 장기간 혼자 있는 걸 싫어한다. 넓은 음역대로 수다스럽게 떠든다. 감각이 예민하기 때문에 조용한 가정을 선호한다.
건강상 우려되는 점 갱글리오사이드 축적증

원산지 태국

배경 정보 세상에서 제일 오래된 천연 고양이 품종에 속하는 코라트는 고대 서적 『탐라 마에우(고양이 시집)』(114페이지를 보라)에 등장한 "행운"의 고양이 17종 중 한 종이다. 태국의 코라트 지방에서 유래한 이 품종은 미국에는 1950년대 말에야, 영국에는 1970년대에야 도착했다. 코라트는 신혼부부에게 행운을 안겨주는 선물로 증정되는 게 전통이었다. 이 품종은 『탐라 마에우』에 묘사된 오리지널의 모양새를 제일 비슷하게 유지한 품종으로 여겨진다.

프로필 코라트는 크기가 작거나 중간 크기 사이이지만, 체구는 근육질이고, 얼굴은 독특한 하트 모양이다. 새끼고양이일 때 앰버나 골드 색이 감도는 녹색이던 둥근 눈은 2년에서 4년 동안 성숙해져서 성묘가 되면 감람석peridot의 녹색이 된다. 털은 부드럽고 단층의 실버 블루로, 태국에서는 시사와트si-sawat로 알려져 있다. 털에서는 희미하게 빛이 나는데, 모근이 연한 실버 블루이고 털의 줄기로 올라갈수록 진한 블루가 되면서 털끝은 실버인 색깔의 차이에 의한 것이다.

라팜 *La Perm*

몸무게 2.7~4.5kg
유전적 배경 미국 잡종 고양이들의 자연적 돌연변이
그루밍 필요 정도 낮다.
활발함 수준 보통
기질 영리하고, 노는 걸 좋아하며, 호기심이 강하다. 묘주와 끈끈한 유대관계를 맺고, 묘주를 따라다니거나 어깨에 올라가는 경향이 있다. 점잖고 다정한 랩 캣.
건강상 우려되는 점 보고된 것이 없다.

원산지 미국

배경 정보 라팜 품종은 1982년에 오리건Oregon의 작은 헛간지기 고양이 덕에 시작되었다. 이 암고양이는 태비 무늬가 있는 피부에 털이 없이 태어났지만 생후 8주쯤 되었을 때 부드럽고 곱슬거리는 털이 자라기 시작했다. "컬리Curly"라는 적합한 이름을 얻은 암컷은 파마를 한 듯한 외모의 원인인 우성 렉스 유전자를 후손에게 물려주었고, 농장에는 더욱더 많은 곱슬 고양이들이 서서히 나타났다. 이 고양이들로부터 품종이 개발되었고, 나중에 장모 버전이 도입되었다.

프로필 라팜의 몸은 근육질이고, 머리는 쐐기 모양이며, 귀는 크고, 눈은 표현력이 풍부한 아몬드 모양이다. 하지만 라팜이 유명해진 건 털 때문이다. 비단처럼 부드러운 털은 촉감이 모헤어mohair를 만지는 것 같고, 물결 모양과 말리는 모양이 있으며, 갈기처럼 긴 털이 난 신체 부위에서는 곱슬거리기까지 한다. 귀 내부에 곱슬한 털이 있고, 귀 맨 위에는 털이 다발로 나 있으며, 귓등에는 길고 부드러운 "방한용 털"이 나 있다. 수염도 곱슬곱슬하다. 털의 색깔과 무늬는 다양하고, 눈도 다양한 색을 띨 수 있다.

메인 쿤 *Maine Coon*

몸무게 4~9kg

유전적 배경 파운데이션 품종-미국

그루밍 필요 정도 보통

활발함 수준 높다. 실외로 나가는 걸 무척 좋아하고 많은 공간이 필요하다.

기질 다정한 본성의 "점잖은 거묘巨猫". 영리하고, 노는 걸 좋아한다. 물건을 던지면 물어서 갖고 오는 게임을 즐긴다. "짹짹" 소리를 내며 꽤 많이 울고, 물에 강한 흥미를 느낀다.

건강상 우려되는 점 고관절 이형성증, 심근비대증.

원산지 미국

배경 정보 미국에서 제일 오래된 토종 품종인 메인 쿤은 덩치가 제일 큰 품종 중 하나이기도 하다. 두툼한 털, 털이 북슬북슬한 커다란 꼬리, 털이 촘촘히 자란 귀와 발 때문에 원산지인 뉴잉글랜드의 혹독한 겨울에 잘 적응했다. 정확히 어떻게 생겨났는지는 미스터리다. 전설이 많은데, 흥미롭기는 하지만 생물학적으로 불가능한 아이디어로는 그 지역의 고양이가 처음에 미국너구리raccoon와 교배했다는 것이 있다. 쥐 잡는 실력이 탁월하다는 명성을 감안할 때 더 그럴법한 설명은 그 지역의 헛간지기 고양이가 유럽에서 배를 타고 건너온 장모 고양이와 교배했다는 것이다.

프로필 메인 쿤의 커다란 체격은 강인하고 근육질이며, 방수가 되고 텁수룩하지만 두 겹으로 구성된 놀랍도록 부드러운 털이 덮여 있다. 온갖 색을 다 띠지만, 일부 품종 등기소에서는 초콜릿과 라일락, 샴 포인트를 받아들이지 않는다. 제일 흔한 색은 브라운 태비로, 매커럴이거나 클래식이다. 눈은 그린이나 골드, 카퍼고, 털이 흰색일 경우 눈은 블루거나 오드아이다. 메인 쿤은 신체적으로 성숙해질 때까지 3년에서 5년 사이가 걸린다. 대부분의 다른 품종보다 오래 걸린다.

맹크스 *Manx*

몸무게 3.5~5.5kg

유전적 배경 영국 잡종 고양이들의 자연적 돌연변이

그루밍 필요 정도 낮다.

활발함 수준 높다. 달리기가 빠르고, 점프를 힘차게 한다.

기질 차분하고, 다정하며, 영리하다. 낯선 이를 꺼리지만, 주인에게는 개처럼 충직하다. 노는 걸 무척 좋아한다. 떨리는 소리로 운다. 좋은 사냥꾼이다.

건강상 우려되는 점 관절염, 각막 이상증corneal dystrophy, 엉덩이 주름의 간찰진intertrigo, 맹크스 증후군Manx syndrome, 거대결장증megacolon.

원산지 맨섬(Isle of Man)

배경 정보 맹크스의 꼬리가 짧거나 아예 없는 이유를 설명하는 이야기는 많다. 어느 이야기는 노아가 방주의 문을 닫을 때 우연히도 꼬리가 문에 끼어 끊어졌다고 주장한다. 유전적으로는 불가능하지만 흥미롭기는 한 다른 통념은 맹크스가 토끼와 고양이가 교배해서 생긴 결과물— "캐빗cabbit"—이라는 것이다. 맹크스는, 또는 해당 지역에서 쓰는 명칭인 "스터빈stubbin"은 실제로는 영국의 맨섬에서 유래했다. 그리고 짧은 꼬리는, 밥테일bobtail과 더불어, 유전적 돌연변이의 결과다. 킴릭 Cymric으로 알려진 꼬리가 긴 버전이 맹크스를 바탕으로 개발되었는데, 현재 두 품종 모두 세계적으로 인기가 좋다.

프로필 중간 정도 크기에 근육이 잘 발달한 맹크스는 머리가 둥글고 생김새도 전체적으로 둥글둥글하다. 뒷다리는 앞다리보다 길고 등이 굽어서, 엉덩이가 어깨보다 높이 있다. 두 겹의 털가죽은 온갖 색과 무늬를 띤다. 맹크스 유전자가 불완전 우성이라 꼬리의 길이는 아예 없는 것부터 완전히 자라는 것까지 사이에 다양할 수 있다. 브리딩을 잘 통제하려면 맹크스 증후군(73페이지를 보라)으로 알려진, 꼬리가 없는 더 극단적인 형태와 관련 있는 심각한 척추와 내장 문제들을 피할 필요가 있다.

네벨룽 *Nebelung*

몸무게 2.7~5kg
유전적 배경 미국 잡종 고양이들과 러시안 블루의 교배종
그루밍 필요 정도 높다. 길고 촘촘한 두 겹의 코트.
활발함 수준 높다. 실내에서 기를 경우 풍부화를 많이 해줘야 한다.
기질 묘주에게는 무척 다정하지만, 낯선 이는 꺼린다. 무척 영리하고, 성격이 좋으며, 노는 걸 좋아한다. 일상이 반복되는 걸 좋아한다.
건강상 우려되는 점 보고된 것이 없다.

원산지 미국

배경 정보   네벨룽은 미국에서 상대적으로 최근(1980년대)에 개발되었다. 다른 배에서 태어난 지그프리트Siegfried와 브룬힐데Brunhilde라는 매력적인 이름의 털이 긴 파란색 집고양이 두 마리를 교배해서 얻은 것이다. 19세기에 인기가 좋았던 털이 긴 파란 고양이(빅토리아 여왕은 파란 페르시안을 길렀다)를 연상시키는 고양이를 태어나게 하려고 러시안 블루와 한 이종 교배는 이 품종을 한층 더 발전시켰다. 이름은 "엷은 안개mist"를 뜻하는 독일어 네벨Nebel에서 유래했는데, 움직일 때마다 희미하게 빛나는 이 품종의 길고 부드러운 털을 가리킨다.

프로필   네벨룽의 다부진 몸은 길고, 쐐기 모양 머리 위에는 크고 뾰족한 귀가 있다. 부드럽고 긴 털은 블루의 끝부분에 실버가 묻어 있다. 목둘레에 갈기가 있거나, 두툼한 털이 자라는 허벅지 뒤쪽에 "판탈롱pantaloon"이 있을 수 있다. 눈은 아몬드 모양으로, 새끼 때는 노란빛이 도는 녹색이다가 성숙해져서 성묘가 되면 녹색이 된다.

러시안 블루 *Russian Blue*

몸무게 3~7kg
유전적 배경 파운데이션 품종-유럽
그루밍 필요 정도 낮다.
활발함 수준 보통
기질 차분하고, 조용하며, 울음소리는 부드럽고, 호기심이 많으며, 노는 걸 좋아한다. 친숙한 사람들에게 우호적이고 충직하지만, 낯선 이는 꺼릴 수 있다. 자립적이라서 일하는 묘주에게 적합하다.
건강상 우려되는 점 보고된 것이 없다.

원산지 러시아

배경 정보 러시아의 아르한겔스크 항구 주위에서 자연적으로 발생해서 유래한 러시안 블루, 또는 "대천사 고양이Archangel Cat"는 아마도 뱃사람들에 의해 영국에 도입되었을 것이다. 초창기 캣쇼에 파란 고양이를 모두 모아놓은 클래스의 일부로 선을 보였다가, 1912년에 독자적인 클래스를 부여받았다. 1900년대 초에 미국에 도착했고, 대서양 양쪽에서 이 품종이 개발되었다.

프로필 러시안 블루는 몸이 우아하고 유연한 고양이로, 머리는 쐐기 모양이고, 귀는 커다란 나팔 모양이며, 둥근 눈은 에메랄드 같은 녹색이다. 입은 선천적으로 위쪽으로 올라가 있어 수수께끼 같은 미소를 짓는 듯한 인상을 연출한다. 특유의 두툼한 짧은 털가죽은 두 겹으로, 부드러운 언더코트는 위에 있는 가드헤어와 길이가 같고, 가드헤어는 두툼하면서 부드러운 모습이다. 블루-실버는 모든 등기소가 받아들이는 색이고, 현재 일부 등기소는 상이한 버전들—러시안 화이트와 러시안 블랙—도 인정한다.

노르웨이 숲고양이 *Norwegian Forest Cat*

몸무게 4~7.5kg
유전적 배경 파운데이션 품종-유럽
그루밍 필요 정도 낮다.
활발함 수준 높다. 높은 곳에 오르고 실외에 나가는 걸 무척 좋아한다.
기질 점잖고, 우호적이며, 사교적이다. 적응력이 좋고, 영리하며, 노는 걸 좋아한다.
건강상 우려되는 점 제4형 당원 축적병glycogen storage disease IV, 고관절 이형성증, 심근비대증.

원산지 노르웨이

배경 정보 노르웨이 숲고양이의 조상은 바이킹들의 배에 타서 쥐를 잡았던 것으로 여겨진다. 노르웨이에서 스코그카트skogkatt로 알려진 이 고양이는 프레이야 여신과 관련된 노르웨이 신화에 등장한다. 위지 Wegie라는 애칭으로 불리는 이 품종은 몇 세기 동안 노르웨이의 숲과 외딴 농장에서 살면서 사냥 솜씨 덕에 가치가 높아졌다. 이 품종은 제2차 세계대전 동안 번식 프로그램이 중단되고 기존의 개체들이 집고양이들과 교배되면서 멸종 직전까지 갔다. 1970년대에 새로운 번식 프로그램이 시행되면서 구원을 받았고, 나중에 올라프 왕King Olaf은 이 고양이를 노르웨이의 공식 고양이로 삼았다.

프로필 "위지"는 덩치가 크고 튼튼한 품종으로, 신체적 성숙기에 달할 때까지 5년이 필요하다. 독특한 삼각형 모양의 머리와 털이 촘촘하게 자란 큰 귀를 갖고 있다. 혹독한 스칸디나비아의 겨울철에 이상적인 중간 정도 길이의 가드헤어는 방수가 되고, 촘촘한 언더코트로 단열도 된다. 털은 겨울철에 두툼하게 자라 목둘레에 갈기가 선명히 보인다. 뒷다리에도 "반바지britches"로 알려진 긴 털이 있고, 발가락 사이에도 털이 다발로 나 있다. 몇 가지 색과 무늬를 제외한 모든 색과 무늬를 다 보여준다. 아몬드 모양의 눈은 온갖 색을 다 띤다.

랙돌 *Ragdoll*

몸무게 5~9kg
유전적 배경 파운데이션 품종-미국
그루밍 필요 정도 높다. 길고 비단 같은 털은 자주 빗질해줘야 하지만, 언더코트가 없어서 털 빠짐이 덜하다.
활발함 수준 보통
기질 극도로 유순하고, 느긋하며, 묘주를 따라다니는 것과 물건을 던지면 물어서 돌아오는 것을 좋아한다. 아주 많이 울지는 않는다. 누군가가 항상 있는 집에 제일 적합한 품종이다.
건강상 우려되는 점 심근비대증

원산지 미국

배경 정보 랙돌 품종은 1960년대에 캘리포니아에서 시작되었다. 이전까지 평범한 새끼들을 낳았던 긴 털의 흰색 집고양이 암컷 조세핀 Josephine이 특이하게 차분한 기질의 새끼들을 낳은 것이다. 조세핀은 도로에서 사고를 당했다가 회복한 이후에는 온순한 새끼들만 낳았다. 그래서 사람들은 그 사고가 조세핀에게 축 늘어져 지내는 태평한 새끼들을 낳는 능력을 준 게 아닐까 추측하게 되었다. 합리적인 추론이지만, 슬프게도 유전학적으로는 가능하지 않다. 이 품종의 태평한 성격을 낳은 실제 유전적인 토대는 아직 규명되지 않았지만, 매력적인 특성은 지속되고 있다.

프로필 랙돌의 몸은 크고 근육질이다. 중간 정도 길이인 부드러운 털은 컬러포인트거나 미튼이거나 바이컬러 무늬다. 색깔은 실seal과 블루, 초콜릿, 라일락, 레드, 크림이 될 수 있고, 토티와 태비("링스"로 알려진) 변종이 섞일 수 있다. 발은 크고 동그라며, 꼬리는 길고 텁수룩하다. 랙돌의 눈은 독특한 사파이어 블루다.

라가머핀 *Ragamuffin*

몸무게 4.5~9kg

유전적 배경 랙돌의 변종

그루밍 필요 정도 높다. 길고 비단 같은 털은 질감 때문에 잘 엉키지는 않지만, 정기적으로 자주 빗질해 줘야 한다.

활발함 수준 보통이지만 높은 곳에 오르는 걸 좋아한다.

기질 유순하고, 차분하며, 느긋하다. 다정하고, 사람에게 초점을 맞춘다. 탁월한 패밀리 캣. 물건을 던지면 물어서 갖고 오며 노는 걸 좋아한다. 장기간 혼자 놔두는 데는 적합하지 않다.

건강상 우려되는 점 심근비대증

원산지 미국

배경 정보 라가머핀은 20세기 말에 미국에서 오리지널 랙돌을 바탕으로 개발된 신품종이다. 랙돌의 브리딩은 꽤나 엄격한 제약을 받는다. 라가머핀 품종은 랙돌을 페르시안, 히말라얀(페르시안의 컬러포인트 형태), 그리고 장모의 집고양이와 이종 교배시켜 생겨났다. 이 품종이 자리를 잘 잡은 현재, 라가머핀은 더 이상은 랙돌과 이종 교배되지 않는다.

프로필 덩치가 크고 근육질 품종인 라가머핀은 신체적 성숙기에 달할 때까지 4년이 걸릴 수 있다. 몸은 직사각형 모양이지만, 넓적한 머리는 동그랗다. 토끼 모피를 연상시키는 긴 털은 촘촘하고 부드럽다. 목둘레의 긴 털은 갈기를 형성한다. 샴 컬러포인트 무늬를 제외한 모든 색과 무늬를 띤다. 호두 모양의 눈은 골드와 앰버부터 그린과 아쿠아, 블루까지 사이의 모든 색을 띨 수 있다.

시베리안 *Siberian*

몸무게 4.5~9kg(수컷은 가끔 11.3kg에 달하기도 한다)
유전적 배경 파운데이션 품종-유럽
그루밍 필요 정도 보통에서 높음 사이. 봄철에 털이 많이 빠진다.
활발함 수준 높다.
기질 점잖고, 배려심 많고, 헌신적이며, 개와 비슷한 행동을 한다. 노는 걸 좋아하고, 높은 곳으로 점프하는 걸 좋아한다. 점잖게 떠는 소리와 그윽한 가르랑 소리를 낸다. 물을 무척 좋아한다.
건강상 우려되는 점 심근비대증, 피루브산키나아제 결핍증.

원산지 러시아

배경 정보 러시아에서 국보로 칭송받는 시베리안 또는 시베리아 숲고양이Siberian Forest Cat는 1800년대부터 여러 동화에 등장했다. 그리고 거기에 묘사된 것과 딱 맞아떨어지는 털이 긴 러시아산 고양이는 일찍이 13세기부터 언급되었다. 그러나 이 고양이는 미국에, 나중에는 영국에 도착한 1980년대 이후부터 러시아 바깥에서 인정을 받고 개발되었다.

프로필 점잖은 거묘인 이 고양이가 신체적으로 성숙해지기까지는 5년이 걸릴 수 있다. 시베리안은 튼튼하고, 대단히 민첩하다. 뒷다리가 앞다리보다 약간 길어서, 극도로 높은 곳으로 점프할 수 있다. 발은 크고 털이 다발로 나 있으며, 귀도 그렇다. 겨울에 길고 두툼하게 자라는 세 겹의 털가죽은 촘촘하고 방수가 된다(기후에 적응한 결과다). 그리고 모든 색과 무늬를 띤다. 눈 색깔은 골드에서 그린까지 다양하다. 과학적으로 입증되지는 않았지만, 시베리안은 알레르기에 시달리는 사람에게 다른 품종들보다 더 적합한 것으로 보고되었다.

소코케 *Sokoke*

몸무게 3.5~6.5kg
유전적 배경 파운데이션 품종-아프리카
그루밍 필요 정도 낮다.
활발함 수준 높다.
기질 영리하고, 노는 걸 좋아하며, 사교적이다. 다정하고, 매우 강한 유대관계를 형성하며, 꽤나 잘 울고 수다스럽다.
건강상 우려되는 점 보고된 것이 없다.

원산지 케냐

배경 정보 희귀한 품종에 속하는 소코케, 또는 소코케 숲고양이Sokoke Forest Cat는 케냐 해안의 아라부코-소코케 보호림의 토종 고양이에서 개발된 천연 품종이다. 현지인들은 이 고양이를 카존조Khadzonzo라고 불렀는데, "나무껍질처럼 생겼다"는 뜻으로, 독특한 털가죽 무늬를 가리키는 것이다. 1970년대에 현지에서 일부가 사람들 눈에 띄어 길들여진 후 반려묘로 길러졌다. 그러다가 1980년대에 엄선된 개체들이 덴마크로 수출되었고 그곳에서 ─"올드 라인"으로 알려진─ 품종이 개발되었다. 이 품종이 나중에 "뉴 라인" 소코케 고양이와 섞였고, 2000년대 초에 같은 지역에서 미국으로 수출되었다.

프로필 중간 크기의 고양이인 소코케는 몸이 길고 호리호리하며 탄탄하다. 뒷다리가 앞다리보다 길어서, "발끝으로 걷는tiptoe" 걸음걸이로 묘사되는 걸음을 걷게 되었다. 머리는 몸통에 비해 상대적으로 작아 보이고, 아몬드 모양인 눈의 색은 앰버부터 그린까지 다양하다. 짧은 털의 전체 털가죽에는 블로치드(blotched, 클래식) 무늬와 티킹tiking이 있다. 고양이로서는 흔치 않게, 한배에서 태어난 새끼고양이들의 아비가 새끼들의 양육을 적극적으로 돕는다. 어미가 새끼들의 젖을 떼는 건 다른 품종에 비해 늦은 시기에 자연스럽게 일어난다.

터키시 앙고라 *Turkish Angora*

몸무게 2.7~5kg
유전적 배경 파운데이션 품종-지중해
그루밍 필요 정도 보통. 언더코트가 없어서 엉키지 않는다.
활발함 수준 높다. 높은 곳에 오르는 걸 좋아한다.
기질 영리하고, 노는 걸 좋아하며, 적극적이다. 외향적이고, 사교적이며, 다정하다. 잘 울고, 사람들의 관심을 받으려고 들 수 있다.
건강상 우려되는 점 운동 실조ataxia, 눈이 파란색인 개체는 청각장애가 있다, 심근비대증.

원산지 터키

배경 정보 터키시 앙고라의 이름은 터키의 도시 앙카라(Ankara, 예전 지명은 앙고라Angora)에서 따서 지은 것이다. 일찍이 7세기부터 등장했을 가능성이 있는 오래된 천연 품종인 이 고양이는 20세기 초에 페르시안 같은 다른 품종들의 개발에 주로 활용되었다. 독립된 품종으로서는 멸종 직전까지 갔지만, 다행히도 앙카라의 동물원이 고도로 가치가 높은 천연 품종을 보존하려는 프로그램을 세웠다. 1950년대에 이 동물원이 고양이 한 쌍을 미국에 수출했고, 그러면서 품종이 서서히 더 인정받고 개발되었다.

프로필 길고 날씬한 근육질 몸을 가진 앙고라는 우아하게 생긴 고양이다. 머리는 상대적으로 작고, 호두 모양의 눈은 블루를 비롯한 모든 색을 띨 수 있으며, 털이 흰색인 개체에서는 오드아이가 나타난다. 털은 이 품종의 제일 유명한 특징이다. 언더코트가 없고, 털은 길고 고우며 부드러워 보인다. 전통적인 색은 흰색이지만, 현재는 다양한 색과 무늬가 나타난다.

터키시 밴 *Turkish Van*

몸무게 3~9kg
유전적 배경 파운데이션 품종-지중해
그루밍 필요 정도 보통
활발함 수준 높다. 높은 곳에 오르는 걸 좋아하고 수영을 무척 좋아한다.
기질 영리하고, 사랑스러우며, 노는 걸 좋아한다. 물건을 던지면 물어오는 걸 좋아하고, 물과도 친하다. 약간 다루기 힘들 수 있다. 개처럼 주인을 따르면서 강한 유대관계를 발전시킬 수 있지만, 랩 캣은 아니다. 우는 소리가 양 같다는 말을 듣는다.
건강상 우려되는 점 신생묘 이종적혈구용혈

원산지 터키

배경 정보 터키시 밴은 "수영하는 고양이"라는 애칭으로 알려져 있다. 많은 품종이 그렇듯, 이 품종의 기원을 둘러싼 전설이 많다. 하나는 이 고양이가 노아의 방주를 타고 아라라트산으로 여행을 했고, 방주가 뭍에 도착하기 직전에 뭍으로 헤엄쳐갔다는 것이다. 방주에 승선할 때 꼬리가 문에 끼어 빨간색으로 변했고, 하나님의 손길이 이 품종의 머리에 독특한 "엄지손가락 지문thumbprint" 무늬를 주었다고 한다. 이 품종은 실제로는 터키의 밴 호수Lake Van 주위의 바위투성이 지역이 원산지로, 이런 배경이 이 품종이 물을 무척 좋아하는 이유를 더 잘 설명해 준다.

프로필 밴은 덩치가 큰 근육질 고양이로, 생후 3년이 지나기 전까지는 신체적으로 완전히 성숙하지 않는다. 전통적인 색은 흰색으로, 머리에 강렬한 적갈색 반점이 있고 꼬리도 비슷한 색이다. 지금은 다양한 색을 띠고, 눈 색깔은 세 가지—블루, 앰버, 또는 오드아이—이다. 중간 길이의 털에는 언더코트가 없고, 그 결과로 캐시미어 같은 아름답고 물이 잘 스며들지 않는 털가죽을 갖게 되었다.

부록

의학용어 설명

각막 이상증CORNEAL DYSTROPHY 눈의 가마에 영향을 끼치는 질병. 각막 이상증은 시력 손상을, 심한 경우에는 실명을 초래할 수 있다.

간찰진INTERTRIGO 특히 피부가 접혔을 때, 인접한 피부의 표면이 마찰하는 것이 원인인 염증성 피부질환.

갱글리오사이드 축적증GANGLIOSIDOSIS 신경계에 지방이 비정상적으로 축적되는 게 원인인 퇴행성 질환. 신경 문제와 사망으로 이어진다.

거대결장증MEGACOLON 수축하지 못하는, 크게 늘어난 결장을 부르는 용어. 변비와 관련되는 게 보통이다.

고관절 이형성증HIP DYSPLASIA 고관절이 비정상적으로 형성되게 만드는 질환으로, 절구관절ball-and-socket joint이 위치에서 어긋나 탈구되는 결과로 이어진다. 다리를 절고 통증을 느끼게 만든다.

고양이 편평흉 증후군FLAT-CHESTED KITTEN SYNDROME 흉곽이 납작해지고 가슴이 기형이 되는 게 특징이다.

고양이구강안면통증증후군FELINE OROFACIAL PAIN SYNDROME 입에서 느끼는 가벼운 통증으로, 고양이가 과장되게 핥거나 씹고 발로 입을 건드리게 만드는 원인이다. 안면과 혀가 손상되게 만들 수 있다.

고양이면역결핍바이러스FELINE IMMUNODEFICIENCY VIRUS, FIV 고양이가 물거나 했을 때 고양이의 침을 통해 옮겨지는 바이러스로, 면역계에 영향을 주고 감염에 대한 저항력을 떨어뜨린다(면역결핍). 보균된 고양이는 몇 년간 증상을 보이지 않을 수 있다. 인간에게는 전염되지 않는다.

고양이백혈병바이러스FELINE LEUKEMIA VIRUS, FeLV 고양이가 물거나 상호 그루밍을 할 때 침을 통해 고양이들 사이에서 전염되는 바이러스로, 배설물이나 사료그릇을 통한 전염 사례는 덜 흔한 편이다. 암과 면역결핍을 일으킨다.

골연골 이형성증OSTEOCHONDRODYS PLASIA 뼈와 연골

이 고통스럽게 성장하고 발달하는 기능장애로, 기형을 초래한다.

관절염ARTHRITIS 관절에 염증과 통증을 일으키는 퇴행성 질환으로, 사지가 뻣뻣해지고 유연성을 잃는 상태로 이어진다.

근육병 또는 경직MYOPATHY OR SPASTICITY 근육 약화로, 별도의 기저질환에 의해 초래되는 경우가 잦다.

다낭성 신장질환POLYCYSTIC KIDNEY DISEASE 체액이 차 있는 낭종이 신장 내에서 성장하는 것으로 결국에는 신부전으로 이어진다.

단두증BRACHYCEPHALIA 두개골의 길이가 짧아지면서 고양이의 코와 얼굴이 "찌부러져" 보이게 만든다. 호흡과 치아, 안구의 문제를 비롯한 건강상 우려 사항들과 관련이 있다.

리소좀 축적질환LYSOSOMAL STORAGE DISEASES 필수적인 신체 기능을 막고 정상적인 성장을 하는 데 실패하는 결과를 낳는 다양한 효소 결핍증.

맹크스 증후군MANX SYNDROME 맹크스 유전자Manx gene가 초래한 척수의 광범위한 발달 이상과, 그에 따른 결과로 이 품종의 꼬리가 짧아지는 효과를 낳는다.

부정교합MALOCCLUSION 윗니와 아랫니가 어긋나 제대로 물지 못하게 만들고, 이는 입과 식사의 문제와 결부된다.

사시증STRABISMUS 안구가 비정상적으로 위치를 잡는 것으로, 고양이가 "사팔뜨기"가 되게 만든다.

소모증HYPOTRICHOSIS 털이 비정상적으로 가늘어지는 것.

슬개골 탈구PATELLAR LUXATION 슬개골이 정상적인 위치에서 탈구되거나 빠져나가는 질환.

신생묘 이종적혈구용혈NEONATAL ISOERYTHROLYSIS 어미와 다른 혈액형을 가진 새끼고양이에게 발생하는, 목숨을 위협하는 심각한 질환. 새끼고양이가 처음으

로 젖을 먹기 시작할 때 초유를 통해 먹은 어미의 항체에 의해 새끼고양이의 적혈구 세포가 파괴되는 것으로 이어진다.

심근 비대증HYPERTROPHIC CARDIOMYOPATHY, HCM 심장근육이 두꺼워지고, 효율이 떨어지며, 때때로 심부전으로 이어진다.

아밀로이드증AMYLOIDOSIS 비정상적으로 접힌 단백질이 신체 장기(간肝인 경우가 잦다)에 쌓여 그 장기의 기능을 저하시키고 때로는 장기부전organ failure을 초래하는 질환.

운동실조ATAXIA 균형감각과 조정력을 잃으면서 균형을 잃은 걸음을 걷게 된다.

이식증PICA 식용이 아니고 영양상 이점도 전혀 없는 물질을 먹으려는 욕망으로, 동양 품종에 특히 흔하다.

자궁무력증UTERINE INERTIA 출산할 때 자궁이 새끼고양이를 밀어내는 근육 수축을 전혀 하지 않거나 충분히 하는 데 실패할 때.

저칼륨혈증HYPOKALEMIA 칼륨 농도가 낮을 때. 신부전이 원인인 경우가 흔하다. 근육이 약해지고 걷기가 힘들어지며 고개를 들지 못하는 결과로 이어진다.

전돌증PROGNATHISM 위턱과 아래턱이 어긋나, 확연한 앞니 반대교합underbite을 초래한다.

젖마름증무유증, AGALACTIA 젖을 먹이는 어미고양이의 젖 생산량이 줄어드는 것.

제4형 당원 축적병GLYCOGEN STORAGE DISEASE IV 노르웨이 숲고양이가 겪는 유전질환으로, 당원glycogen의 처리에 필요한 효소가 부족해서 근육과 신경, 간에 비정상적 당원이 축적되게 만들고 장기의 기능장애organ dysfunction로 이어진다.

진성 당뇨병DIABETES MELLITUS 신체가 인슐린 호르몬의 생산 부족이나 인슐린에 반응하면서 초래되는 질병.

진행성 망막 위축증PROGRESSIVE RETINAL ATROPHY, PRA 안구의 망막에 있는 간상세포와 원추세포에 영향을 주는 이 질병의 주요 형태 두 가지가 식별되었다. 시력이 서서히 떨어지다 결국에는 실명으로 이어진다.

치주질환GINGIVITIS AND PERIODONTAL DISEASE 잇몸과 이빨을 지탱하는 조직의 염증으로 충치로 이어진다.

피루브산키나아제 결핍증PYRUVATE KINASE DEFICIENCY 피루브산키나아제 효소가 결핍되면 적혈구 세포의 수가 줄어들어 경증에서 생명을 위협하는 다양한 수준의 빈혈증을 초래한다.

참고문헌 ℰ

단행본

ARDEN, D., and MAYS, N. (2014) *Beautiful Cats*. Ivy Press, Lewes, UK.

BEAVER, B. (2003) *Feline Behavior: A Guide for Veterinarians* (2nd edition). Saunders, St. Louis, Missouri.

BRADSHAW, J.W.S. (2013). *Cat Sense*. Basic Books, New York.

BRADSHAW, J.W.S., CASEY, R.A., BROWN, S.L. (2012) *The Behaviour of the Domestic Cat* (2nd edition). CABI Publishing, Wallingford, UK.

Dorling Kindersley (2014). *The Cat Encyclopedia: The Definitive Visual Guide*.

ENGELS, D. (1999) *Classical Cats: The Rise and Fall of the Sacred Cat*. Routledge, London.

HUNTER, L. (2006) *Cats of Africa*. John Hopkins University Press, Baltimore, Maryland.

LEYHAUSEN, P. (1979) *Cat Behaviour: The Predatory and Social Behaviour of Domestic and Wild Cats*. Garland STPM Press, New York.

LYONS, L.A., and KURUSHIMA, J.D. (2012) "A Short Natural History of the Cat and its Relationship with Humans." In S. Little (ed.) *The Cat: Clinical Medicine and Management*. Elsevier Saunders, St. Louis, Missouri.

TAYLOR, D. (2010) *Cat Breeds*. Hamlyn, London.

TURNER, D., and BATESON, P. (eds.) (2000) *The Domestic Cat: The Biology of its Behaviour* (2nd edition). Cambridge University Press, Cambridge.

TURNER, D., and BATESON, P. (eds.) (2014) *The Domestic Cat: The Biology of its Behaviour* (3rd edition). Cambridge University Press, Cambridge.

ROCHLITZ, I. (2007) *The Welfare of Cats*. Springer, New York.

WRIGHT, M., and WALTERS, S. (1980) *The Book of the Cat*. Pan Books, London.

저널

ADAMEC, R.E. (1976) The interaction of hunger and preying in the domestic cat (*Felis catus*): an adaptive hierarchy? *Behavioural Biology* 18: 263–72.

BARRETT, P., and BATESON, P. (1978) The development of play in cats. *Behaviour* 66: 106–20.

BANKS, M., SPRAGUE, W., SCHMOLL, J. et al. (2015) Why do animal eyes have pupils of different shapes? *Science Advances* 1 (7): e1500391.

BIBEN, M. (1979) Predation and predatory play behaviour of domestic cats. *Animal Behaviour* 27: 81–94.

BROWN, S. L., and BRADSHAW, J.W.S. (1996) Social behaviour in a small colony of feral cats. *Journal of the Feline Advisory Bureau* 34: 35–37.

CARO, T.M. (1980) Effects of the mother, object play, and adult experience on predation in cats. *Behavioural and Neural Biology* 29: 29–51.

CARO, T.M. (1981) Predatory behaviour and social play in kittens. *Behaviour* 76: 1–24.

CHESLER, P. (1969) Maternal influence in learning by observation in kittens. *Science* 166: 901–3.

DUMAS, C. (1992) Object permanence in cats (*Felis catus*): an ecological approach to the study of invisible displacements. *Journal of Comparative Psychology* 114: 232–38.

DAVID V.A., MENOTTI-RAYMOND, M., WALLACE, A.C. et al. (2014). Endogenous retrovirus insertion in the KIT oncogene determines white and white spotting in domestic cats. *G3* 4 (10): 1881–91.

DRISCOLL, C. (2009). The taming of the cat. *Scientific American* 300 (6): 68–75.

DRISCOLL, C., MACDONALD, D., O'BRIEN, S. (2009) From wild animals to domestic pets, an evolutionary view of domestication. *PNAS* 106 (1): 9971–78.

DRISCOLL, C., MENOTTI-RAYMOND, M., ROCA, A. et al. (2007). The Near Eastern origin of cat domestication. *Science* 317: 519–23.

EDWARDS, C., HEIBLUM, M., TEJEDA, A., GALINDO F. (2007) Experimental evaluation of attachment behaviours in owned cats. *Journal of Veterinary Behavior* 2 (4): 119–25.

ELLIS, S. (2009) Environmental enrichment: practical strategies for improving animal welfare. *Journal of Feline Medicine and Surgery* 11: 901–12.

FAURE, E., and KITCHENER, A.C. (2009). An archaeological and historical review of the relationships between felids and people. *Antrhrozoos* 22 (3), 221–38.

FRAZER SISSOM, D.E., RICE, D.A., PETERS, G. (1991) How cats purr. *Journal of Zoology*, London 223: 67–78.

GALL MYRICK, J. (2015) Emotion regulation, procrastination, and watching cat videos online: who watches Internet cats, why, and to what effect? *Computers in Human Behaviour* 52: 168–76.

GALVAN, M., and VONK, J. (2016) Man's other best friend: domestic cats (*F.silvestris catus*) and their discrimination of human emotion cues. *Animal Cognition* 19: 193–205.

HALL, S.L., BRADSHAW, J.W.S., ROBINSON, I.H. (2002) Object play in adult domestic cats: the roles of habituation and disinhibition. *Applied Animal Behaviour Science* 79: 263–71.

HEWSON-HUGHES, A.K., HEWSON-HUGHES, V.L., MILLER, A.T. et al. (2011). Geometric analysis of macronutrient selection in the adult domestic cat, *Felis catus*. *J Exp Biol* 214: 1039–51.

HU,Y., HU,S., WANG, W. et al. (2014). Earliest evidence for commensal processes of cat domestication. *PNAS* 111 (1): 116–20.

HUDSON, R., RAIHANI, G., GONZALEZ, D. et al. (2009) Nipple preference and contests in suckling kittens of the domestic cat are unrelated to presumed nipple quality. *Developmental Psychobiology* 51: 322–32.

KARSH, E.B. (1983) The effects of early and late handling on the attachment of cats to people. *The Pet Connection Conference Proceedings*, Globe Press, St. Paul, Minnesota.

KITCHENER, A. C., BREITENMOSER-WURSTEN, C., EIZIRIK, E. et al. (2017). A revised taxonomy of the Felidae. The final report of the cat classification task force of the IUNC/CCS Cat Specialist Group.

FRY, K., and CASEY, R. (2007) The effect of hiding enrichment on stress levels and behaviour of domestic cats (*Felis sylvestris catus*) in a shelter setting and the implications for adoption potential. *Animal Welfare* 16, 375–83.

KURISHIMA, J.D., LIPINSKI, M.J., GANDOLFI, B. et al. (2013) Variation of cats under domestication: genetic assignment of domestic cats to breeds and worldwide random-bred populations. *Animal Genetics* 44 (3): 311–24.

LANDSBERG, G.M., DENENBERG, S., ARAUJO, J.A. (2010) Cognitive dysfunction in cats: a syndrome we used to dismiss as "old age." *Journal of Feline Medicine and Surgery* 12, 837–48.

LEYHAUSEN, P. (1956) Verhaltenstudien an Katzen. *Zeitschrifte fur Tierpschychologie Beiheft* 2: 1–120.

LI, X., LI, W., WANG, H. et al. (2005) Pseudogenization of a sweet-receptor gene accounts for cats' indifference toward sugar. *PLoS Genet.* 1 (1): 27–35.

Lipinski, M.J., Froenicke, L., Baysac, K.C. et al. (2008). The ascent of cat breeds: genetic evaluation of breeds and worldwide random-bred populations. *Genomics* 91 (1): 12–21.

Lyons, L.A. (2014) Cat domestication and breed development—proceedings of 10th World Congress on Genetics Applied to Livestock Production.

Lyons, L.A. (2015). DNA mutations of the cat: the good, the bad and the ugly. *Journal of Feline Medicine and Surgery* 17 (3): 203–19.

McComb, K., Taylor, A.M., Wilson, C., Charlton, B.D. (2009). The cry embedded within the purr. *Current Biology* 19: R507–R508.

McCune, S. (1995) The impact of paternity and early socialisation on the development of cats' behaviour to people and novel objects. *Applied Animal Behaviour Science* 45: 109–24.

Macdonald, D.W., Apps, P.J., Carr, G.M., Kerby, G. (1987). Social dynamics, nursing coalitions and infanticide among farm cats, *Felis catus*. *Advances in Ethology* 28: 1–64.

McDowell, L., Wells, D.L., Hepper, P.G. (2018) Lateralization of spontaneous behaviours in the domestic cat, *Felis silvestris*. *Animal Behaviour* 135: 37–43.

Medina, F.M., Bonnaud, E., Vidal, E. et al. (2011). A global review of the impacts of invasive cats on island endangered vertebrates. *Global Change Biology* 17: 3503–10.

Miklosi, A., Pongracz, P., Lakatos, G. et al. (2005) A comparative study of the use of visual communicative signals in interactions between dogs and humans and cats and humans. *Journal of Comparative Psychology* 119: 179–86.

Moelk, M. (1944) Vocalizing in the house-cat: a phonetic and functional study. *American Journal of Psychology* 57: 184–205.

Montague, M.J., Li, G., Gandolfi, B. et al. (2014) Comparative analysis of the domestic cat genome reveals genetic signatures underlying feline biology and domestication. *PNAS* 111 (48): 17230–35.(Also see the newer NCIB version 9.0 (2017) of the *Felis Catus* Genome Assembly and Annotation Report)

Natoli, E. et al. (2006) Management of feral domestic cats in the urban environment of Rome (Italy). *Preventive Veterinary Medicine* 77 (3–4): 180–85.

Nicastro, N. (2004) Perceptual and acoustic evidence for species-level differences in meow vocalizations by domestic cats (*Felis catus*) and African wild cats (*Felis sylvestris lybica*). *Journal of Comparative Psychology* 118 : 287–96.

Nicastro, N., and Owren, M.J. (2003) Classification of domestic cat (*Felis catus*) vocalizations by naïve and experienced human listeners. *Journal of Comparative Psychology* 117: 44–52.

Noel, A.C, Hu, D.L. (2018) Cats use hollow papillae to wick saliva into fur. *PNAS* December 4, 115 (49): 12377–82.

O'Brien, S.J., and Johnson, W.E. (2007). The evolution of cats. Genomic paw prints in the DNA of the world's wild cats have clarified the cat family tree and uncovered several remarkable migrations in their past. *Scientific American* 297: 68–75.

O'Brien, S.J., Johnson, W., Driscoll, C. et al. (2008). State of cat genomics. *Trends in Genetics* 24 (6): 268–79.

Ottoni, C., Van Neer, W., De Cupere, B. et al. (2017). The palaeogenetics of cat dispersal in the ancient world. *Nature Ecology and Evolution* 1, article no.: 0139.

Ownby, D.R., and Johnson, C.C. (2003) Does exposure to dogs and cats in the first year of life influence the development of allergic sensitization? *Current Opinion in Allergy and Clinical Immunology* 3 (6) : 517–22.

Qureshi, A., Memon, M.Z., Vazquez, G., Suri, M. (2009) Cat ownership and the risk of fatal cardiovascular diseases. Results from the

Second National Health and Nutrition Examination Study Mortality Follow-up Study. *Journal of Vascular and Interventional Neurology* 2 (1): 132–35.

RAIHANI, G., GONZALEZ, D., ARTEAGA, L., HUDSON, R (2009). Olfactory guidance of nipple attachment and suckling in kittens of the domestic cat: inborn and learned responses. *Developmental Psychobiology* 51: 662–71.

REIS, P.M., JUNG, S., ARISTOFF, J.M., STOCKER, R. (2010). How cats lap: water uptake by *Felis catus*. *Science* 330: 1231–34.

SAITO, A., and SHINOZUKA, K. (2013) Vocal recognition of owners by domestic cats (*Felis catus*). *Animal Cognition* 16 (4): 685–90.

SAY, L., PONTIER, D., NATOLI, E. (1999) High variation in multiple paternity of domestic cats in relation to environmental conditions. *Proceedings of the Royal Society of London Series B* 266: 2071–74.

SOENNICHSEN, S., and SHAMOVE, A.S. (2002) Responses of cats to petting by humans. *Anthrozoos* 15: 258–65.

TODD, N. (1977). Cats and commerce. *Scientific American* 237 (5): 100–7.

TURNER, D., and RIEGER, G. (2001). Singly living people and their cats: a study of human mood and subsequent behavior. *Anthrozoos* 14 (1): 38–46.

VIGNE, J.D., GUILAINE, J., DEBUE, K. et al. (2004). Early taming of the cat in Cyprus. *Science* 304 (5668): 259.

VIGNE J.D., EVIN, A., CUCCHI, T. et al. (2016) Earliest "domestic" cats in China identified as leopard cat (*Prionailurus bengalensis*). *PLoS ONE* 11(1): e0147295.

WELLS, D.L, and MILLSOPP, S. (2009) Lateralised behaviour in the domestic cat, *Felis silvestris catus*. *Animal Behaviour* 78: 537–41.

WEST, M. (1974) Social play in the domestic cat. *American Zoologist* 14: 427–36.

YAMANE, A. (1998) Male reproductive tactics and reproductive success of the group-living cat (*Felis catus*). *Behavioural Processes* 43: 239–49.

YEON, S.C , KIM, Y.K., PARK, S.J. et al. (2011) Differences between vocalization evoked by social stimuli in feral cats and house cats. *Behavioural Processes* 87: 183–89.

웹사이트

catster.com

cfa.org

gccfcats.org

icatcare.org

tica.org

wildcatfamily.com

찾아보기 ⟋

감사의 말 ✑

이 책을 쓴 건 엄청난 모험이었는데, 그 길에서 많은 이의 도움을 받았다. 초기에 길을 안내해 주고 사려 깊은 편집을 해준 스테파니 에번스(Stephanie Evans), 더불어 조앤나 벤틀리(Joanna Bentley)와 톰 키치(Tom Kitch), 제임스 로렌스(James Lawrence), 샤론 도텐지오(Sharon Dortenzio), 케이스 섀너핸(Kate Shanahan)을 비롯한 아이비(Ivy)의 팀에게 특별히 감사드리고 싶다. 텍스트를 검토해준 미주리 대학(University of Missouri)의 레슬리 라이언스 박사(Dr. Leslie Lyons)에게도 감사드린다. 그리고 모든 걸 한데 모아 주고 최종 산물을 무척이나 사랑스럽게 보이도록 만들어 준 안젤라 쿠 레이나(Angela Koo Reina), 제인과 크리스 래너웨이(Jane and Chris Lanawa), 존 우드콕(John Woodcock)에게 심심한 사의를 표한다.

작업 경력을 쌓는 동안에 많은 사람과 고양이를 만났다. 내게 그토록 풍성하고 다양한 경험을 제공해 준 것에 대해 그들 모두에게 감사드린다. 고양이와 일하면서 작업할 기회를 처음으로 제공해 주신, 그리고 너무도 많은 걸 가르쳐주신 존 브래드쇼(John Bradshaw) 박사님께 특히 감사드리고 싶다. 또한 이 책에 사진이 실린 구조된 고양이들과 일하면서 위탁 양육할 기회를 제공해 준 런던의 우드 그린동물구호단체(Wood Green-The Animals Charity)에도 감사드린다. 여러분은 믿기 힘들 정도로 훌륭한 일을 하고 있다.

마지막으로 아주 멋진 남편 스티브(Steve)와 우리 딸들인 애비(Abbie)와 (내 초창기 교정자인) 앨리스(Alice), 헤티(Hettie), 올리비아(Olivia)에게 감사드린다. 그들이 베풀어 준 생각과 아이디어, 더불어 한없는 사랑과 격려, 인내심이 없었다면 이 책은 결코 탄생하지 못했을 것이다.

사진 크레디트

출판사는 카피라이트가 걸린 자료를 게재하는 것을 허용해 준 다음의 분들에게 감사드린다.

지은이 사라 브라운

사라 브라운(Sarah Brown)은 과학적 연구와 반려동물산업, 동물보호단체 같은 광범위한 환경에서, 그리고 민간 컨설턴트로서 고양이와 묘주들을 상대하며 30년간 일해 왔다. 사우샘프턴대학에서 중성화된 집고양이의 사회적 행동을 연구해서 박사 학위를 받았다.

더럼대학교에서 동물학으로 학사 학위를 받았다. 이후로 사우샘프턴의 인간동물학협회(The Anthrozoology Institute)에서 일하기 시작한 그녀는 박사 학위 논문을 쓰는 한편으로 반려동물산업을 위해 집고양이와 길고양이의 식생활과 사회적 행동에 대한 관찰 연구를 수행했다.

박사 학위를 받은 후 런던에서 독립적인 고양이행동 카운슬러로 일하면서, 지역 수의사들의 추천을 받아 의뢰인들의 가정에서 빚어지는 고양이의 행동 문제를 해결하기 위해 노력하였다. 2000년에는 시카고로 이주해, 미국 반려동물용품 제조사를 위한 고양이행동 컨설턴트가 되어 고양이 관련 장난감과 다른 제품들을 행동학적 관점에서 디자인하는 걸 도왔다. 영국으로 돌아온 후 컨설턴트 일을 계속하면서 우드그린동물구호단체와 일하며 고양이들이 새집을 찾는 걸 돕고 묘주들에게 고양이 행동의 모든 측면에 대해 조언했다. 더불어 직접 고양이를 위탁받아 양육했다.

과학적 논문 외에도 최고의 학술적 교과서인 『집고양이의 행동(The Behaviour of the Domestic Cat)』(2판, 2012년 CABI 출판)을 공동 저술했고, 『집고양이: 행동의 생물학(The Domestic Cat: The Biology of its Behaviour)』(3판, 2014년 케임브리지대학출판부 출판)에도 기고했다.

현재는 노스 런던에서 남편과 네 딸, 고양이 두 마리, 골든리트리버 한 마리, 거북이 한 마리와 산다.

옮긴이 윤철희

연세대학교 경영학과와 동 대학원을 졸업하고, 영화 전문지에 기사 번역과 칼럼을 기고하고 있다. 옮긴 책으로는 『개: 그 생태와 문화의 역사』, 『돼지: 그 생태와 문화의 역사』, 『알코올의 역사』, 『로저 에버트: 어둠 속에서 빛을 보다』, 『위대한 영화』, 『스탠리 큐브릭: 장르의 재발명』, 『클린트 이스트우드』, 『히치콕: 서스펜스의 거장』, 『제임스 딘: 불멸의 자이언트』, 『런던의 역사』, 『도시, 역사를 바꾸다』, 『지식인의 두 얼굴』, 『샤먼의 코트』 등이 있다.

고양이
그 생태와 문화의 역사

2020년 11월 10일 초판 1쇄 인쇄
2020년 11월 15일 초판 1쇄 발행

지은이 | 사라 브라운
옮긴이 | 윤철희
펴낸이 | 권오상
펴낸곳 | 연암서가

등 록 | 2007년 10월 8일(제396-2007-00107호)
주 소 | 경기도 고양시 일산서구 호수로 896, 402-1101
전 화 | 031-907-3010
팩 스 | 031-912-3012
이메일 | yeonamseoga@naver.com
ISBN 979-11-6087-069-5 03490

값 20,000원